CDA数字化人才系列丛书

数据分析之道

用数据思维指导业务实战

李渝方　著

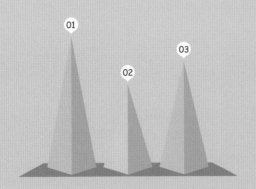

电子工业出版社
Publishing House of Electronics Industry
北京·BEIJING

内 容 简 介

本书以数据思维为主题，以数据分析全流程为主线，融合了与数据思维相关的编程语言、统计学基础及案例分析等内容，全书分为4篇，囊括了数据思维的概念和培养方法、数据来源及体系建设、数据分析三大思维方式及用户流失、用户转化实战等共11章的内容。本书囊括了数据分析中常用的分析方法，包括经典的海盗（AARRR）模型、麦肯锡的MECE模型、逻辑树、漏斗分析、路径分析、对比分析、A/B试验、RFM模型、K-Means算法、5W2H等分析方法，还包括各类方法的实践案例及Python实操项目。可以说本书是数据分析方法论与统计学知识、编程语言及应用案例的完美结合。

本书适合工作了1~3年的初级数据分析师；已经掌握了数据分析工具，需要培养数据思维的转行人员；数据科学行业的人力专家和猎头等。

图书在版编目（CIP）数据

数据分析之道：用数据思维指导业务实战 / 李渝方著. —北京：电子工业出版社，2022.1

（CDA数字化人才系列丛书）

ISBN 978-7-121-42834-0

Ⅰ. ①数… Ⅱ. ①李… Ⅲ. ①数据处理 Ⅳ.①TP274

中国版本图书馆CIP数据核字（2022）第015788号

责任编辑：张慧敏　　　　　特约编辑：田学清
印　　刷：中国电影出版社印刷厂
装　　订：中国电影出版社印刷厂
出版发行：电子工业出版社
　　　　　北京市海淀区万寿路173信箱　　　　　邮编：100036
开　　本：720×1000　　1/16　　印张：14.75　　字数：269千字　　彩插：1
版　　次：2022年1月第1版
印　　次：2022年1月第1次印刷
印　　数：2000册　　　　　　定价：106.00元

前　言

为什么会写这本书

市面上大部分数据分析相关的书籍都是从工具的介绍开始的，但很多时候数据分析主要依靠数据思维。特别是面对复杂业务场景时，对于业务的熟悉程度及数据思维显得尤为重要。因为数据思维决定了分析问题的角度及合理性，只要数据分析师能够针对特定问题提出分析方案，无论用什么工具都可以得到结果，因此数据思维是数据分析师成长进阶路上的必修课。

而市面上关于数据思维的书籍较少且部分书籍讲授的知识点较浅，能够将数据思维、编程语言、统计学思想及案例分析等融为一体的书籍少之又少，于是我萌生了写一本以数据分析全流程为主线的数据思维相关书籍的想法。由于我长期坚持在自媒体上分享数据分析相关的转行经验、数据思维相关的思考，几年下来积淀了不少受大家欢迎的文章，为书籍的创作奠定了一定基础，因此有编辑陆续邀请我写书。最终，选择和电子工业出版社张慧敏老师合作，也开始了我的写书历程。

本书特色

本书以数据思维为主题，以数据分析全流程为主线，融合了编程语言、统计学基础及案例分析等内容，全书分为 4 篇，囊括了数据思维的概念和培养方法、数据来源及体系建设、数据分析三大思维方式及用户流失、用户转化实战等共 11 章的内容。本书囊括了数据分析中常用的分析方法，包括经典的海盗（AARRR）模型、麦肯锡的 MECE 模型、逻辑树、漏斗分析、路径分析、对比分析、A/B 试验、RFM 模型、K-Means 算法、5W2H 等分析方法，还包括各类方法的实践案例及 Python 实操项目。可以说本书是数据分析方法论与统计学知识、编程语言及应用案例的完美结合。

第 1 篇是入门篇，主要通过具体示例介绍数据思维是什么、数据思维在数据分析师成长过程中的重要性及数据思维养成的三种方法。

第 2 篇是预备篇，想要做数据分析，就得有数据，因此本篇首先介绍了互联网企业的数据来源，即通过数据埋点获得用户数据。在此过程中，数据分析师主要基于业务需求设计埋点方案，所以这也是本篇的重点内容之一。有了数据之后，对数据进行一定处理和加工是十分必要的。数据标签体系是数据加工处理的重要一环，数据分析师在其中承担了一部分数据标签开发工作，这部分会用一章的篇幅进行阐述。除此之外，想要通过数据监控业务，就需要建立数据指标体系。至于什么样的数据指标体系才是好的指标体系，如何才能搭建一套能够反映业务的指标体系，如何通过指标体系排查数据异动，就是第 6 章的内容了。

第三篇是方法论篇，在完成数据埋点及数据体系化之后，便可进入分析环节。这一篇主要介绍了数据分析过程中常用的三种思维方式：对比思维、分群思维及相关思维。对比思维是第 7 章的内容，这一章主要介绍数据分析中各种比较的方法，包括同比、环比、定比等。但在对比分析中较为重要的是线上试验——A/B 试验，因此本章大部分篇幅会介绍 A/B 试验流程、统计学原理以及利用 Python 完成案例实操。分群思维是第 8 章的内容，这一章主要从结构化分析、同期群分析等分析方法出发介绍其在用户分群中的应用，同时会通过开源数据集利用 RFM 模型及 K-Means 算法实现用户分群。相关思维是第 9 章的内容，分析两个或多个变量之间的相关性是数据分析师的日常工作之一，但变量间具有相关性并不代表具有因果性，因此这一章会从相关性出发讨论相关与因果之间的关系。

第四篇是实战篇，这一篇立足于用户生命周期中流失与转化两大重要阶段，总结用户流失的分析方法论及用户转化相关的分析方法。用户流失分析是本书第 10 章的内容，这一章会从流失用户的定义出发，介绍用户流失的内因分析、外因分析方法论；同时介绍如何设计问卷验证从数据层面分析出的内因和外因是否正确；最后，通过生存分析预测用户流失周期以辅助运营人员进行用户干预，以减少用户流失。用户转化与付费分析是本书第 11 章的内容，这一章会介绍活动转化率的预估方法、漏斗分析在用户转化中的应用，以及营销增益模型在用户付费及转化中的应用。

读者定位

本书适合以下几类人群：

● 工作了 1~3 年的初级数据分析师。

● 已经掌握了数据分析工具，需要培养数据思维的转行人员。

● 数据科学行业的人力专家和猎头，用于标定候选人的数据分析能力。

本书以数据思维为主题，其中的实践案例涉及 Python 及 SQL 语言，但本书不会讲解 Python、SQL 的基础编程知识，所以本书面向已经掌握了 Python 及 SQL 等数据分析语言的数据分析师和相关转行人员。

学习建议

数据思维并不是一蹴而就的，也不是学完本书就会立刻拥有的。本书不具备赋予读者数据思维的"超能力"。数据思维不同于数据分析工具，数据思维较为抽象，需要在业务实战中积累经验。但是本书会总结分析方法论、分享实践案例，引导读者树立数据思维。当然这是远远不够的，培养数据思维最好的方式还是在实战中积累和总结。本书只是抛砖引玉地为读者建立一个系统框架，最终还需要读者在自己的行业中不断实践和积累。

本书并不是空洞而抽象地讲数据思维，而是基于完整的数据分析流程阐述数据思维在整个流程中的应用，涉及数据分析的每一阶段。从通过数据埋点获取用户数据到数据标签化处理，再到指标体系监控业务变化，是数据分析的准备工作；对比思维、分群思维及相关思维是数据分析各个阶段都会用到的思维方式；将各类分析方法及分析思维恰到好处地运用到业务场景中，以揭示业务问题才是数据分析真正要解决的问题。

本书从数据埋点到各类分析方法的应用，为读者搭建了一套系统的分析框架，读者需要在掌握 Python、SQL、Excel 等数据分析工具的前提下进行实践。Python 实操部分属于进阶内容，这部分工作在大公司中多由算法工程师承担，数据分析师可以将其作为拓展和提升内容进行了解。

勘误与支持

由于作者水平有限，书中难免出现一些疏漏，恳请读者批评、指教。读者可以将文中发现的错误、不准确的描述、代码问题、文字问题及有疑惑的地方反馈到邮箱574233829@qq.com 或者反馈到公众号"数据万花筒"后台，我们会对相关内容进行修订。全书的代码除了通过扫描封底小助手二维码领取，还可以从公众号"数据万花筒"后台获取，期待得到你们真挚的反馈！

致谢

本书是在长期的工作中总结出来的经验和方法，首先，要感谢从实习到正式工作这几年中陪我一路走来的同事们及前同事们，没有你们的指导，就没有我的成长！

特别感谢黄毅斐、杨昊明两位领导对本书的指导，感谢周晟、李姣阳、贾彦龙为本书写推荐语，同时感谢孙志杰、王倩倩、曾思皓、蔡俊君、李海钊、黎芮琦等对本书进行校正，并提出修改意见。

其次，感谢父母，是你们给了我生命，给了我受教育的机会，在困难和挫折面前鼓励我、帮助我，才有了今天的我！

当然，也要感谢公众号的读者，是你们的支持使我有了持续更新技术文章的动力，也才有了这本书！同时要感谢在做公众号时遇到的各位优秀的同仁。

更要感谢电子工业出版社的张慧敏老师，从选题到立项，再到一遍一遍地修改书稿，她提出了很多有建设性的意见和建议。

目 录

第1篇 数据思维

第 2 篇 数据指标体系

第 3 篇 数据分析方法论

第 4 篇　数据分析案例实战

第1篇
数据思维

关于数据分析，很多初学者都会从数据工具入手，一上来就开始学 Python、SQL 等常用的数据分析工具，认为学会数据分析工具就可以求得一份数据分析相关的工作。殊不知，这是本末倒置的，在数据分析中最重要的是数据思维，对于业务场景中常见的问题，只要有分析问题的思路和方法，无论用什么工具都可以得到结果。所以说数据思维是数据分析工作的核心指导思想。本篇围绕什么是数据思维，数据思维的重要性及数据思维的培养方式来展开，通过实际工作中的案例让读者对数据思维有较为全面的理解，以及对数据思维养成路径有一个清晰的认识。

第 1 章　数据思维是什么

数据思维是一个很抽象的概念。从宏观意义上来说，数据思维是数据分析师分析问题的思路和角度。数据分析师是否具备良好的数据思维决定了数据分析的角度和合理性。本章从数据治理流程出发，浅谈数据分析师在其中承担的角色以及数据思维在数据分析流程中的应用；当读者对数据思维有初步的理解之后，笔者会介绍数据思维在数据分析每一模块的具体应用；当然，没有具体的示例，所有的概念都会显得晦涩，所以在 1.3 节笔者通过具体示例说明数据思维到底是什么。

1.1　从数据治理流程浅谈数据思维

数据是企业的核心资产，数据治理也是企业的核心工作之一，运用好数据能够为企业赋能。在为企业赋能的过程中，数据分析师起到了至关重要的作用。作为初学者，理解数据治理流程能够帮助我们更好地认识数据部门各个岗位之间如何协同配合，更加清晰地认识数据分析师的岗位职责。很多初学者认为数据分析师的工作只是分析，读完这一章，你会对数据分析师的岗位职责有更深的认识。

1.1.1 什么是数据治理

数据治理是逐步实现数据价值的过程。具体来说，数据治理是指将零散的用户数据通过采集、传输、储存等一系列标准化流程变成格式规范、结构统一的数据，并构建严格规范的综合数据管控机制；对这些标准化的数据进行进一步加工分析，形成具有指导意义的业务监控报表、业务监控模型，以辅助业务方进行决策。

在数据治理流程中，涉及前端业务系统、后端业务数据库系统以及业务终端的数据分析，从源头到终端再回到源头，形成一个闭环负反馈系统。同样地，在数据治理流程中，数据部门也需要一套规范来指导数据的采集、传输、储存及应用。

1.1.2 数据治理流程介绍

数据治理流程是从数据规划、数据采集、数据储存管理到数据应用的过程，是从无序到有序的过程，也是标准化流程的构建过程。数据治理流程如图 1-1 所示，根据每一个环节的特点，可以将数据治理流程总结为四个字，即理、采、存、用。

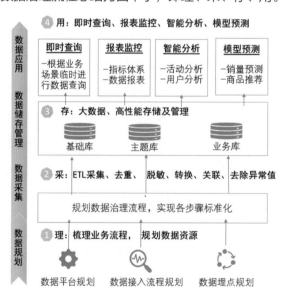

图 1-1　数据治理流程

1. 理：梳理业务流程，规划数据资源

对于企业来说，每天的实时数据量都会超过 TB 级别，需要采集用户的哪些数据？这么多的数据放在哪里、如何放、以什么样的方式放？这需要事先规划一套从无序变为有序的流程。数据从无序变为有序的过程需要跨部门协作，需要前端工程师、后端工程师、数据工程师、数据分析师、产品经理等的参与。

2. 采：数据采集

前后端工程师将采集到的数据送到数据部门。数据部门通过 ETL（Extract-Transform-Load）工具将数据从来源端经过抽取（extract）、转换（transform）、加载（load）送至目的端。这个阶段主要是将散落和零乱的数据集中存储起来。

3. 存：大数据高性能存储及管理

这么多的业务数据存在哪里？这需要一个高性能的大数据存储系统，在这套系统里将数据分门别类地放到其对应的库中，为后续的管理及使用提供最大的便利。

4. 用：即时查询、报表监控、智能分析、模型预测

数据的最终目的是辅助业务方进行决策，前面的几个流程都是为最终的查询、分析、监控做铺垫的。这个阶段是数据分析师的主场。数据分析师运用这些标准化的数据可以进行即时的查询、指标体系和报表体系的建立、业务问题的分析，甚至是模型的预测。

1.1.3　从数据治理流程谈数据部门岗位职责

数据部门的岗位分布是和数据治理流程密不可分的，包括数据分析师、数据工程师、数仓工程师、数据挖掘与算法工程师等职位，各个职位的职责和要求不一样。本节会从数据治理流程出发谈谈数据部门的岗位职责，帮助读者更加清晰地认识不同岗位的分工合作，更好地理解数据分析师的岗位职责。

要讲清楚数据部门的职责，还得从数据治理流程说起。如图 1-2 所示，数据部门的数据来源于点击流日志和客户端、服务端上报的日志；将数据上传到数据部门后，在工程层面需要数据工程师、数仓工程师完成数据的清洗、入库；在应用层面，数据分析师则负责数据的即时查询和指标体系、报表体系的建设以及输出各项业务报告；数据产品经理则负责数据产品原型设计以及推动数据产品的实现和落地；数据挖掘与算法工程师会基

于业务问题开发数据模型以辅助业务方进行决策。

图 1-2 从数据治理流程谈数据部门岗位职责

1.1.4 数据分析师在数据治理流程中所需要的数据思维

数据治理流程涉及多部门、多岗位的分工协作，数据分析师在这个流程中也承担了重要的角色。如图 1-3 所示，数据分析师的职责不仅仅是分析，他还需要参与到数据规划、数据采集过程中；在数据应用过程中也需要完成指标体系、报表体系的建设以及部分临时的数据查询需求。以上过程都需要数据思维的指导，良好的数据思维和数据敏感度能够帮助数据分析师快速分析问题，找出解决方案。

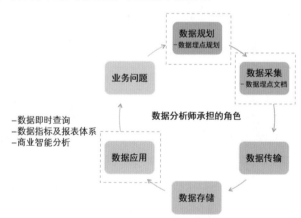

图 1-3 数据分析师在数据治理流程中所需要的数据思维

数据分析师在数据治理流程中需要撰写数据埋点文档、搭建数据指标体系、报表体系以及分析业务问题，每一个技能都会在后续的章节中详细介绍。

1.2　数据思维到底是什么

在 1.1 节，我们从数据治理流程出发，概括性地介绍了数据思维。本节我们着重解决两个问题：其一是数据思维到底是什么；其二是数据思维是否可以培养。

1.2.1　应用数据思维的工作

如果从数据分析师的日常工作内容出发来定义数据思维，即数据分析师在数据埋点、体系和标准构建以及商业智能分析中思考问题的方式以及运用的分析方法，如图 1-4 所示。

图 1-4　应用数据思维的工作

1.　数据埋点

数据分析师对业务进行分析所需要的数据需要通过埋点来获取。数据分析师参与到数据规划、数据采集的过程中，可以更快地拿到数据，从而提高分析效率。数据埋点是一个极其考验数据分析师数据敏感度的工作。数据分析师需要在数据埋点时预见之后可能面临的数据分析需求，以及这些需求可能会用到的数据字段。只有考虑到这一层面，才能减少因数据埋点而造成分析延期的情况出现。

举个例子，假如现在用户流失很严重，业务方想要让数据分析师帮忙分析用户流失前的第 N 步都做了什么？但是，碰巧用户流失前第 N 步的事件没有埋点，那么数据分析师就无从下手，只能给研发人员提出埋点需求，在下一个版本进行数据埋点。这样一来，分析的周期就会延后一个版本。如果数据分析师能提前参与到数据埋点这项工作中，此类事情就可避免。

2.　构建体系和标准

获取、分析数据的终极目的是定位业务问题，辅助业务决策。业务评价标准是衡量业务发展水平的重要指标，而指标体系是监控业务问题、定位业务问题的好帮手。所以，构建体系和标准也是数据分析师的重要工作之一。好的评价标准和指标体系能够直接反映业务问题，同时能够帮助数据分析师快速定位业务问题，以辅助业务方进行决策。如何选择最能监控业务变化的数据指标，如何通过数据指标体系减少日常的临时取数需求是数据分析师值得思考的问题。

3. 商业智能分析

数据分析当然少不了商业智能分析，包括各类活动效果分析、版本变化分析、用户分析、流失分析等。商业智能分析可以总结为探究原因、评价效果以及活动预估三大模块。分析结果通常以分析报告的形式来展现。一份好的分析报告能够给业务方的发展提供多种思路，也是数据分析师最重要的价值体现。其中涉及的分析方法和分析思路也是数据思维的体现。数据分析师需要在日常的工作中不断积累经验，完善自己的分析体系。

1.2.2 数据思维是可以培养的

数据埋点、构建体系和标准以及商业智能分析等过程是数据分析师运用数据思维的具体场景。数据思维是可以后天培养的。当数据分析初学者掌握了数据分析工具之后，就可以系统地学习统计学知识及各类分析方法。统计学知识是数据分析中使用频率较高的内容，但要想将其恰到好处地运用到数据分析场景，则需要不断积累经验。

在数据分析中，不同模块的业务会有一些通用的方法论，这些方法论在一定程度上也能为数据分析师提供行之有效的分析思路。有了统计学基础和分析方法的积累，就可以尝试利用开源的数据集进行数据分析，在分析过程中综合运用各类分析方法解决问题。当然，数据思维的培养并不是通过几次公开数据集的分析训练就能掌握，而是需要长期的沉淀和积累。对于数据思维如何培养这个问题，这里不再赘述，会在本书第 3 章做详细介绍。

1.3 数据思维最直观的解释

随着数据分析市场的饱和，企业对于数据分析师的要求越来越高。如果数据分析师只掌握了数据分析工具却没有数据思维，将很难通过数据分析指导业务决策。因此，拥有数据思维，能够快速寻找正确的分析思路是每个数据分析师必备的能力。本节通过几个直观的例子帮助读者理解什么是数据思维。

1.3.1　构建有效的监控体系和客观的评价标准

对于某一块新的业务，建立有效的监控体系和客观的评价标准是数据分析师的重要工作之一。对这套监控体系和评价标准需要哪些数据、哪些指标、指标如何定义、如何选取多个指标构成一套监控体系都涉及很多细节，这些细节设计得是否恰当关系到监控体系是否能反映业务的真实情况。其中需要哪些数据就涉及数据埋点，数据分析师需要在数据埋点文档设计之前，对于需要哪些数据、指标以及如何定义指标了然于心，以便数据分析师在构建监控体系和评价标准时有数可用。以上能力对于初学者来说，可能有一定难度，但是在业务实战中不断地积累经验，就会找到属于自己的方法。

举个例子来说，某公司新推出一款 App，需要对这款 App 构建数据监控体系。这时候数据分析师就可以根据海盗模型（Acquisition Activation Retention Revenue Referral，AARRR）先对所需数据及相关监控指标进行埋点。有了数据之后可以从获取、激活、留存、付费、自传播等不同的阶段对 App 建立监控指标体系，参考第 6 章内容。但是由于不同类型 App 的功能和类型不一样，其监控指标也会有一定的变化，这就需要数据分析师发挥主观能动性对监控体系做出适当的调整。

数据分析师设计数据监控体系的过程是一个考验其数据思维的过程，好的监控体系能够直接从数据反映出业务的问题，从而减少日常的临时取数工作量。至于数据监控体系如何建立，这里不再赘述，详细内容会在第 6 章进行阐述。

1.3.2　用合理的分析方法探究原因以及评价效果

用合理的方法探究原因是商业智能分析的重要内容之一。"如何利用漏斗分析减少用户流失率""如何识别作弊用户""次日用户留存率下降了 5%该怎么分析"等问题是数据分析师日常工作中经常遇到的问题，对于这些问题的思考维度和分析思路就是数据思维的体现。

此处笔者以"次日用户留存率下降了 5%该怎么分析"为例进行说明。此类问题属于数据异动分析类问题，面对该类问题，数据分析师首先需要判断指标下降是否合理，是否是数据传输故障等原因引起的；其次可以对用户进行拆分，考虑从新老、渠道、地区等维度对用户进行拆分，确定留存率下降的用户群体；当然，也可以通过 PEST、 SWTO、4P 理论、竞品分析等方法分析数据波动的外界影响因素。

本节对于探究原因类问题的分析思路只做概括性说明，数据异动分析类问题的具体分析思路可以参考 6.4 节内容，流失用户分析思路可以参考第 10 章内容，这里不再赘述。

1.3.3 综合运用统计学知识对活动效果进行预估

对于互联网企业来说，每做一次营销活动都会付出一定的成本。所以要想达到投入产出比最高，就需要数据分析师根据历史数据对不同的营销方式带来的用户转化率进行预估，以选择投入产出比最高的营销方案。营销活动的预估是统计学知识与数据思维的结合，也是数据分析师在求职面试过程中常见的题目。对于营销活动的用户转化率预估方法会在第 11 章进行详细阐述，这里仅挑选一道面试题为例进行说明。

估算题在数据分析师笔试中常常以费米问题的形式出现。对这类问题，可以自上而下推，再由某个点横向切入，反推回去，也可以从需求层面和供给层面来分析。例如，估算京东一日订单量，数据分析师需要列出京东一日订单量的计算公式，如式（1.1）所示，即京东一日订单量等于中国网民数量乘以京东的市场份额，除以使用京东购物的天数间隔。

$$京东一日订单量 = \frac{中国网民数量 \times 京东市场份额}{使用京东购物的天数间隔} \tag{1.1}$$

有了计算公式之后，将公开的数据代入公式，即可计算出一日订单量。当然，从其他角度的拆分和计算，只要言之有理也是正确的。

以上的面试题只是从复杂的场景中抽象出来的极为简单的估算题。但是在日常的数据分析工作中，活动效果预估存在更多的影响因素，因而其估算方法和步骤会比费米问题复杂得多，会涉及更多更复杂的统计学知识，具体案例详见 11.2 节。

第 2 章　为什么数据思维如此重要

第 1 章介绍了数据分析师在数据治理流程中承担的角色以及数据思维在数据分析每一个环节的应用,同时通过几个具体的案例直观地阐释了什么是数据思维。为什么数据思维如此重要呢? 这是本章要解决的主要问题。

2.1　数据思维是数据分析师必备的技能

随着互联网大数据技术的发展,市场对数据分析师的技能要求越来越高。数据分析师必备的技能可以分为硬技能和软技能两大类,硬技能可以理解为各类工具的使用;软技能则是对行业的认知、数据思维等。

2.1.1　数据分析师必备的硬技能

所谓硬技能,就是数据分析师需要掌握的分析工具。如图 2-1 所示,数据分析师需要掌握的分析工具包括 SQL、Excel、BI 工具及 Python。

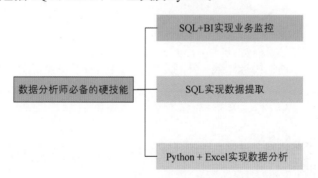

图 2-1　数据分析师必备的硬技能

互联网企业的数据一般存储在数据库中,数据分析师的一项工作就是从海量的数据中提取重要数据进行展示和分析,此时用到的工具就是 SQL。因此,掌握 SQL 是数据分析师需要具备的最基础的技能。

数据提取完成之后,如果有分析需求,可以通过 Excel 或者 Python 进行下一步的分析;如果是需要长期监控的业务,可以通过 BI 工具直接做成数据报表以减少重复劳动。

2.1.2 数据分析师必备的软技能

数据分析师是近几年较为热门的岗位，对于数据分析师而言，仅掌握数据分析工具已经不能在竞争中脱颖而出，企业越来越看重数据分析师的软技能。如图 2-2 所示，数据分析师必备的软技能包括业务知识、数据思维、沟通能力等。

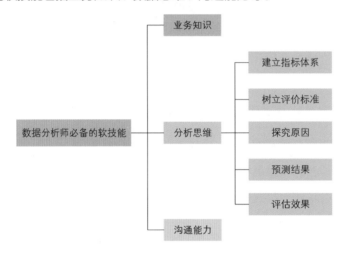

图 2-2　数据分析师必备的软技能

数据思维是数据分析师分析问题的逻辑和角度，其决定了最终分析的重点及分析的合理性。

数据思维包括：

对新业务建立合理的指标体系，并制定相应的评价标准以监控业务发展；

合理地运用统计学知识、分析方法解决业务问题、探究原因、预测结果以及评估活动效果；

面对不同的业务场景，选择合适的分析方法定位问题，以辅助业务提升。

2.1.3 为什么软技能比硬技能重要

要想成为数据分析师，掌握工具只是最基本的要求。因为相对于数据思维来说，学习工具有较为成熟的学习套路和各类指南，相对简单。而数据思维则需要长时间的积累。如果数据分析师只是知道了某些分析方法和统计学知识，却不能在恰当的场景和恰当的时机加以运用以辅助业务方解决问题，则算不上拥有良好的数据思维。因而拥有数据思维的数据分析师才能在现有的行业竞争中脱颖而出。

2.2　数据思维是数据分析师成长晋升的必备技能

数据思维是数据分析师成长晋升的必修课。数据分析师在不同的成长阶段，企业对其要求也是不一样的，其思维方式也有不同的重点，如图 2-3 所示。随着数据分析师层级的提高，对于数据思维的要求也越来越高。

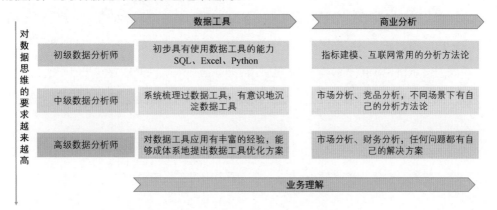

图 2-3　不同阶段数据分析师所需掌握的技能

对于初级数据分析师来说，掌握基础的分析工具，能将互联网行业常用的分析方法论运用到业务分析中即可。对于中级数据分析师来说，需要在掌握基础数据工具的前提下，对数据工具有一定的积累和沉淀；在商业分析层面还需要掌握市场分析、竞品分析等多方面的方法，更高的要求是面对不同的业务场景都有一套自己的分析方法论。对于高级数据分析师来说，梳理数据工具和沉淀方法论是最低的要求，企业还要求其对数据工具有丰富的应用经验，并且能够成体系地补充和完善数据工具；在商业分析层面，不仅会涉及市场分析，还会涉及财务分析，当然也要求其面对任何复杂场景下的问题都有一套自己的分析方法。

概括来说，数据思维在数据分析师成长晋升的过程中起着关键作用。从使用固化的分析工具和方法，到自己总结和沉淀工具方法，再到对工具和方法进行补充完善以及面对复杂场景也有自己的解决方案，这个过程正是数据思维养成的过程。

2.3　数据思维能帮助数据分析师建立影响力

数据思维是数据分析师的基础能力，数据思维能帮助数据分析师在团队内部和团队外部建立信任感，让数据分析师拥有更多的话语权。

很多时候数据分析师辛辛苦苦做出的分析报告，业务方要么说这些分析结果他们早就知道了，要么根本不采用分析报告提出的解决方案，以至于很多数据分析方案无法落地。这种情况大部分是由于数据分析师和业务方对于业务的认知不在同一层次或者数据分析师提出的解决方案在业务方看来并没有太大价值。面对这种情况，应抓住一切可能的机会了解业务，使得数据分析师对于业务的认知和业务方基本保持在同一层次，站在业务方的角度看，并结合数据思维和业务知识提出合理可行的解决方案。

下面通过示例说明数据分析师如何运用数据思维在团队内外建立自己的影响力。近期某款产品的用户流失严重，业务方想要让数据分析师排查原因。两位分析师给出的排查结果如下。

如图 2-4 所示，数据分析师小 A 通过数据指标拆解发现并不是全球的用户都在流失，而是只有拉美地区的用户流失严重，在过去一周中用户流失率最大值为 68.83%，最小值为 61.98%。定位到流失地区之后，小 A 分析了流失用户的画像，发现流失用户多为年龄在 20～35 岁的年轻男性用户，该类用户占流失用户的比例约为 46.28%。

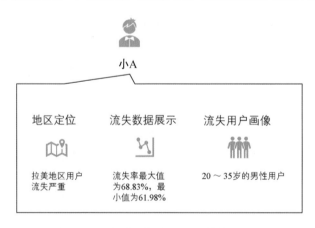

图 2-4　数据分析师小 A 的排查结果

数据分析师小 C 得到了和小 A 一样的分析结果，但是在小 A 的基础上进行了更加详细的展开分析。如图 2-5 所示，小 C 发现虽然流失用户大部分是 20～35 岁的年轻男性用户，但是大盘数据显示 20～35 岁的用户群体是该地区的核心用户群，约占整体用户的50%，所以流失用户为该类用户群体不足为奇。于是，从用户来源上，小 C 拆解了不同渠道来源的用户的流失率，发现来源于渠道 D 的用户流失率远高于其他渠道来源，而渠道 B 的用户流失率是几个渠道中最低的。因此，小 C 建议业务方尝试增加渠道 B 的资源投放，而减少渠道 D 的资源投放。小 C 还分析了这些流失用户流失前的最后行为特征，发现这些流失用户在 App 内的最后行为有一定共性，于是小 C 认为用户最后访问的页面可能是用户流失的直接原因之一。

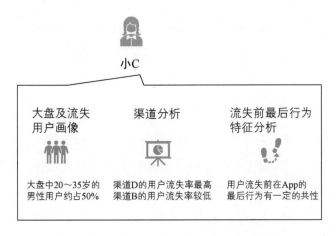

图 2-5　数据分析师小 C 的排查结果

数据分析师小 A 通过数据告诉了业务方一个他们可能已知的数据结论，而数据分析师小 C 不仅通过数据说明现有问题并且尝试给出切实可行的落地方案。显然业务方会更加倾向小 C 的方案，而之后遇到类似的问题可能会直接询问小 C 的意见和建议，那么渐渐地小 C 就掌握了一定的话语权，影响力也会逐渐建立起来。

从以上示例可以看到，数据分析师的工作并不只是将已知数据给业务方就行了，还需要对数据进行提取加工并对具体问题给出合理的意见或建议，而这一系列过程都需要数据思维的支撑，那么数据分析师如何才能针对具体的业务问题提出合理的意见或建议呢？这需要长期的业务积累，当然本书也会在 3.4 节介绍一些提意见和建议的方法。

第 3 章　数据思维如何培养

在前面的章节，笔者介绍了什么是数据思维以及数据思维的重要性。说到这里，肯定会有读者问，"既然数据思维这么重要，那么它是否可以培养？"答案是肯定的。本章，笔者会围绕数据思维的培养方法展开，介绍四种培养数据思维的方法。第一，想要面对具体问题有分析思路和方法，就需要熟悉业务及常用的数据分析方法，最好能够建立自己的分析体系；第二，面对具体问题多问几个为什么，树立目标意识，找出需求背后的潜在分析点；第三，作为数据分析师，需要建立标准，凡事不预设立场，通过客观的标准代替主观的判断；第四，基于数据分析结果为业务方提出切实可行的解决方案。从第一种方法到第四种方法，难度是循序渐进的，并非一蹴而就，需要数据分析师在实际工作中不断学习、不断积累。

3.1　熟悉常用的数据分析方法

掌握常用的数据分析方法论是培养数据思维的基础。俗话说"工欲善其事，必先利其器"，数据分析方法论就是数据分析非常强大的武器之一。本节会围绕常用数据分析方法展开，概括性地介绍数据分析师在日常工作中较为常用的数据分析方法论。

3.1.1　三大分析思维

对比思维、分群思维及相关思维是贯穿数据分析全流程的三大分析思维。如图 3-1 所示，三大分析思维包含了不同的分析方法。

没有对比，就没有明确的数据结论。对比分析可以衡量数据整体大小、数据波动及数据变化趋势，所以说对比分析是得出数据结论最简单有效的方法。通常情况下，数据分析师会利用业务数据与大盘数据或者行业标准进行对比，以判断业务现状。除此之外，同比、环比、横比、纵比等也是较为常用的对比分析方法。 A/B 试验是一类较为特殊的对比分析方法，该方法是数据分析师常用的线上试验方法，是探究变量间因果关系最行之有效的方法。

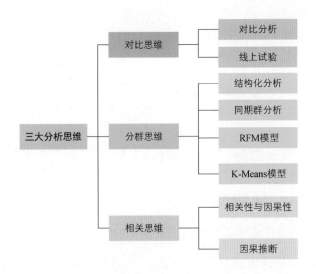

图 3-1　三大分析思维概括

分群思维是贯穿数据分析全链路的分析思维。根据用户的行为数据、消费数据等特征对用户分群是实现用户精细化运营的基础。用户分群可以基于用户历史数据，对数据进行分箱处理形成规则类型的标签。如果企业的数据标签体系做得好，可以直接通过数据标签实现用户的分群。除此之外，用户同期群分析是用户分群的另一种方法，该方法是一种横纵结合的分析方法，在横向上分析同期群随着周期推移而发生的变化，在纵向上分析在生命周期相同阶段的群组之间的差异。当然，数据分析师也可以根据需要使用RFM 模型或者 K-Means 等机器学习算法实现用户分群。

相关性与因果性分析是数据分析师需要具备的除对比分析和用户分群之外的第三大分析思维。在变量关系探索过程中，相关性分析是较为常用的分析方法，但是变量之间存在相关性并不代表它们之间存在因果性，在无法通过 A/B 试验检验变量间的因果关系时，因果推断也是数据分析师常用的分析方法。

3.1.2　不同生命周期的分析方法

对比分析、用户分群及相关性与因果性分析是贯穿用户全生命周期的分析思维，此外，在用户的不同生命周期中还有一些特有的分析方法。在用户生命周期的分析中，数据分析师常遇到的两个场景分别是用户流失以及用户付费转化。

每个互联网企业都会存在用户流失问题，而数据分析师可以分析流失用户的历史数据，研究流失用户的共性，分析用户流失的原因，给运营方对应的意见和建议。如图 3-2

所示，用户流失分析常用的方法有用户流失前 N 步分析法、漏斗分析法、5W2H 法等。

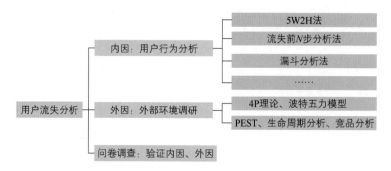

图 3-2　用户流失分析中常用的分析方法

分析用户流失的最终目的是实现用户增长和让用户付费，其分析方法如图 3-3 所示。对于用户付费转化来说，数据分析师通常会需要预估不同方案的转化率；通过漏斗分析和路径分析找出用户转化流程中可以优化的环节；同时，数据分析师可以通过营销增益模型识别营销敏感人群，以提升转化方案的投入产出比。当然，数据分析师也可以通过用户的行为数据及付费数据预估用户的生命周期价值。

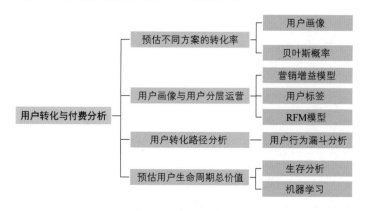

图 3-3　用户转化与付费分析中常用的分析方法

3.2　树立目标意识，寻找潜在分析点

所有的数据分析都基于业务，脱离业务的分析意义并不大，这也是很多数据分析师掌握了很多数据工具，但面对具体的业务问题依然没有分析思路的原因之一。因此数据思维对于数据分析师来说尤为重要，如果数据分析师没有数据思维，很多情况下会沦为业务方的"取数工具人"。

3.2.1 为什么需要树立目标意识

数据分析师想要摆脱"取数工具人"的命运，需要熟练地掌握各类数据分析方法，也需要对业务有一定的理解，能够透过业务方提出的数据需求挖掘其真实用意，然后提出一套切实有效的分析方案。数据分析师要挖掘数据需求背后的真实用意，就需要在了解业务的基础上，多问为什么，了解做这个需求的目的是什么，做这个需求想要研究什么东西。了解了业务方的真实目的之后，数据分析师就可以运用相关的数据分析方法分析业务需求，并且基于分析结果及自己的经验提出更合理的解决方案。如果没有找到数据需求真正的目的，数据分析师很有可能在需求分析中偏离航道，徒劳无功。

举个例子来说，最近用户流失情况加重，业务方提出想要了解最近新用户中流失的用户总数。如果数据分析师按照业务方的要求将数据给业务方，看到数据之后可能业务方觉得这不是他想要的。因为有时候业务方看的数据并不是他真正需要的数据，所以在正式开始取数之前问清楚需求的目的很重要。

再回过头来，思考业务方提出的需求，仔细想想这个需求的真正目的是什么，如果想不明白就可以直接问业务方。只有这样才能更加准确地理解业务目标，也有助于数据分析师正确地调整取数和分析方案。

如图 3-4 所示，对于业务方提出想看流失用户人数的需求，其真实目的是想要了解最近新用户流失情况，以及新用户流失率的具体变化趋势。更进一步思考，如果能在产品侧找到用户流失的具体原因并给出一定的改进方案，则是最好不过的了。如果数据分析师没有问清楚业务方的真实目的，只给最近流失用户总数，并不能帮助业务方得出有效结论，因为新用户基数不一样，单纯看绝对值意义并不大，相对值才更能说明问题。

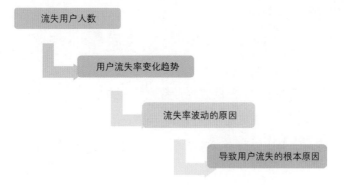

图 3-4　流失用户人数需求背后的最终目标

3.2.2 通过多问"为什么"，树立目标意识

多问为什么能够清晰地了解业务方的目的，明白其关心的问题，以便数据分析师根据宏观目的提出更加广阔的分析思路，帮助业务方更好地对产品进行优化调整。

举个例子进行说明，最近业务方提出一个数据需求，要求数据分析师拉取最近一个月新注册用户手机中安装的竞品信息。如果数据分析师什么也不问，那么这个需求就只是一个简单的临时取数需求，而数据分析师在此过程中也就只承担了"取数工具人"的角色。如果数据分析师多问一个"为什么"，这个需求可能就会变成一个较大的分析需求，数据分析师则是整个分析过程中的中坚力量。多问一个"为什么"，就是通过提问明确业务方的分析目标，找出临时取数需求背后的潜在分析点。如何去问、如何明确分析目标以及如何挖掘潜在分析点，可以参考以下的对话。

业务方：我们最近有个数据需求，想要看下最近一个月新注册用户手机中安装的竞品信息。请你帮我们拉取相关数据吧！

数据分析师：哦，你们要看这个数据是因为最近业务有什么问题需要从数据上找结论验证吗？看这个数据的目的是什么啊？

业务方：嗯嗯，是的。最近新用户流失率比上一个月略高，而且某公司的某产品新推出了某功能，所以我们想要通过数据验证用户流失是否和竞品推出新功能有关，以确定后续的产品优化方案。

数据分析师：原来如此，你们是想要研究用户流失问题啊！对于这个问题，我们有一套比较完善的分析体系，我觉得还可以看一下流失用户在产品中的最后 N 步行为，这个可以确定哪些环节是用户不喜欢的，可以给出一些指导意见。另外，如果有需要的话，用户流失预警也是我们可以实现的，不过我们会先拉取你们想要的竞品数据哈！

业务方：可以的，我们先看竞品数据和流失前最后 N 步的数据吧，后续的分析我们看了结果之后再讨论。

以上的过程就是明确需求目的的过程，数据分析师通过发问了解了业务方真实的目的并运用自己积累的经验提出其他分析方案。当然在现实的工作场景中，沟通需求、明确分析目的的过程可能会比较复杂，这就需要数据分析师在日常工作中不断积累经验和方法。

3.3　不预设立场，通过客观的标准代替主观的判断

客观地给出评价标准是数据分析师的主要职责之一，因此数据分析师不可预设立场，必须用数据说话，通过数据找出业务波动的真实原因。不预设立场，建立客观准确的评价标准也是数据思维培养过程中的重要一环。

3.3.1　不预设立场才能做到客观

数据部门通常独立于业务部门，因此数据分析师可以站在更加客观的角度评价业务现状。在大部分情况下，如果业务出现问题，业务方往往会站在自己的立场上，认为这个问题和自己没有关系。当业务指标出现波动，站在业务方的立场，其大概率认为这件事情是数据传输、行业因素、用户质量等多方面原因造成的。这个时候数据分析师就需要用客观的标准代替主观的判断，通过数据告诉业务方到底是哪个环节出现问题导致业务发生波动。

举个例子来说，某款产品在全球很多地区都已上线，在一段时间内某个区域的新用户留存率降低将近 5%，运营方觉得问题很严重，但是其觉得近期运营活动做得很成功，造成留存率降低的原因可能是数据缺漏或者近期用户质量不佳等。于是，运营部门拉上了数据部门、市场部门、运维部门召开多方会谈，探讨新用户留存率下降的原因。如图 3-5 所示，面对这样的场景，数据分析师需要站在数据的角度看待问题，不预设立场，通过将现有数据与特定的标准进行比较，排查业务是否存在问题，进而定位引起业务波动的具体原因。

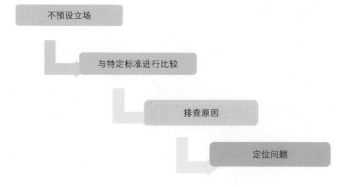

图 3-5　数据分析师排查业务问题的步骤

面对这个问题，数据分析师首先要找到一个标准，判断是否新用户留存率真的下降

5%。这个标准可以和该地区前一段时间的新用户留存率进行对比。其次，在一般情况下，数据分析师需要排查数据传输问题，以明确是否是数据缺失造成数据指标波动的。但在此情景中，全球多个区域中只有一个区域用户留存率下降，大概率不是数据传输造成数据缺失。另外，数据分析师还需要查看新用户留存率下降是持续走低还是周期性走低。如果是周期性走低，留存率降低可能就是一个周期性波动的现象；如果是持续走低，就需要数据分析师继续拆解数据指标，以找出数据异动的原因。最终，数据分析师确定新用户流失率的确存在持续走低的情况，并发现这是由该地区网络供应环境较差引起的。与此同时，运维团队也在其数据监控中发现该地区网络存在波动情况，为数据分析师的结论提供了佐证。

上述例子是数据分析师不预设立场，得出客观结论的过程，以客观的标准代替主观的判断可减少不同部门之间的沟通成本，快速确定数据异动原因。

3.3.2 预设立场与假设检验的区别

在数据分析过程中，数据分析师经常会用到假设检验的分析方法。这时候大家可能就会有这样的疑问，假设检验是否等同于预设立场？答案是否定的。图 3-6 展示了预设立场与假设检验的区别。

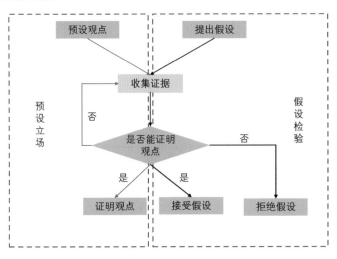

图 3-6 假设检验与预设立场的区别

预设立场是通过数据证明自己的猜想是正确的，一个数据不行，更换思路用另一个数据，直到找到能够证明猜想的数据为止；假设检验是先提出一个假设，通过收集证据去验证假设是否正确，如果有足够证据证明假设是正确的，则接受假设，否则拒绝假设。

　　想要证明一个猜想是正确的，总会找到不同的方法。如果数据分析师预设立场，就会通过不同的数据维度去证明一个猜想是正确的，而不是客观地评价该事件。所以不预设立场，用假设检验的方法验证各类猜想，用客观的标准代替主观的评价是数据思维培养过程中重要的原则之一。

3.4　基于数据分析结果为业务方提出切实可行的解决方案

　　数据分析不只是数据的罗列，而是数据和分析的结合。数据层面包括数据获取、整合、可视化等操作；分析侧面则是结合业务目的和数据表现给出相应的数据结论。只要掌握数据工具就能获取、整合数据，而分析问题并给出有效结论和建议就有一定的难度。根据分析结果给出合理的意见和建议是数据思维培养过程中重要的环节之一。本节会立足于如何根据数据表现提出合理建议，通过几个示例说明数据分析师在给出建议时常常出现的误区。

3.4.1　数据分析师提出合理建议需要经历的三个阶段

　　并不是每个数据分析师从刚入行开始就能够通过数据分析为业务方提出合理解决方案，从入门到进阶，数据分析师一般会经历从给数据到给结论再到给观点的转变。那么这三个阶段各有什么异同呢？此处笔者通过一个示例进行说明。

　　最近某公司新上了一个项目，业务方找到数据分析师，说想要拉取一些数据看一下当前用户黏性。对用户黏性，数据分析师可以通过新老用户的分布、用户留存率等指标进行说明。如图 3-7 所示，对于相同的数据，不同的数据分析师会给出不一样的结果，由浅到深可以分为给数据、给结论、给观点三个不同阶段。

　　1. 给数据

　　"给数据"是数据分析最初级的阶段，是通过数据陈述客观事实的过程。对于上述用户黏性的例子来说，数据分析师小 A 给出"新业务近一周新用户数累计 300 万个，新用户次日留存率为 65%，七日留存率为 17%"的结果。这样的结果就是一个对客观数据的陈述，是一个"给数据"的过程。理论上这样的结果没有任何错误，但对业务方没有太多帮助。

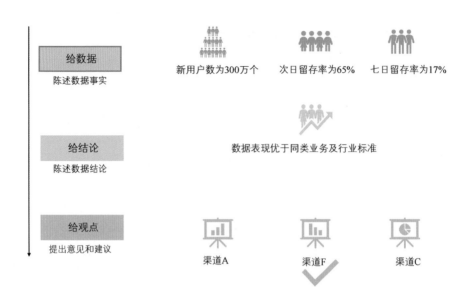

图 3-7　数据分析师提出合理建议需要经历的三个阶段

2. 给结论

"给结论"是对数据结果的加工和深入分析并给出结论性的表述。数据分析师小 C 给出的结果就是结论性的表述，"新业务近一周用户总量达到 10000 万个，新用户数累计 300 万个，次日留存率为 65%，七日留存率为 17%，新业务的数据表现优于同类业务及行业标准。"数据分析师小 C 给出的结果不仅有对数据事实的陈述，还有结论性的表述，是一个较为典型的"给结论"的例子。

3. 给观点

"给观点"是在"给结论"的基础上对数据进行深挖，基于对业务的了解给出一些切实可行的建议。数据分析师小 D 给出的观点是"新业务数据表现优于同类业务及行业标准，特别是渠道 F 用户黏性高且付费率高，建议增加 F 渠道的广告投入"。数据分析师小 D 不仅给出了新业务的基础数据，也给出了结论性表述。更重要的是，他通过对用户来源渠道及付费情况进行拆解，发现渠道 F 的用户不仅黏性高而且付费率也不错，于是建议业务方增加渠道 F 的广告投入。

当然，刚入行的数据分析师要做到"给观点"是比较难的，这不仅需要熟练的分析技巧、缜密的数据思维，还需要对业务有极深的了解。但是这并不妨碍刚入行的数据分析师从"给结论"做起，随着对业务的不断熟悉逐渐从"给结论"到"给观点"转变。

3.4.2　数据分析师需要避免的几种提建议的方式

如图 3-8 所示，从数据到结论，数据分析师会经历发现问题、分析问题、解决问题三个不同的阶段，在每个阶段提出切实可行的建议都起着关键作用，应避免提出以下几种类型的建议。

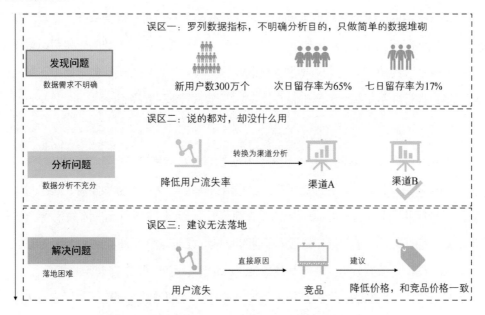

图 3-8　数据分析的不同阶段及各阶段提意见可能存在的误区

1. 不明确分析目的，只做简单的数据堆砌

部分初级数据分析师掌握了数据分析工具和相关的基础技能，但是缺乏实操经验和相关业务知识。通常到了提建议环节，可能连业务方具体的问题还没搞明白，就只能拿出统计学方法论做简单的数据堆砌。

例如，3.4.1 节中数据分析师小 A 给出"新业务近一周新用户数累计 300 万个，新用户次日留存率为 65%，七日留存率为 17%"的结果。

给出这样的数据之后，就没有后续的意见和建议了。这种情况大部分是没有明确需求，即还没有搞清楚业务方想要的到底是什么，业务方现在面临的问题到底是什么，当然没办法继续进行下一步的分析，更别说给业务方一定的建议了。因此，树立目标意识是分析的第一步，如何树立目标意识、挖掘潜在的分析点，可以参照 3.2 节的内容。

需求不明确这种困境一般是由业务方和数据分析师共同造成的，可能业务方在提需求的时候也没说清楚自己真正想要的数据，或者业务方是个"小白"，根本不知道需要看哪些数据或指标；对于数据分析师来说，面对这些不太清晰的需求，也没有问清楚存在的痛点及分析的目标，其实对于这种情况，数据分析师可以基于自己的知识和业务理解提出可行的分析方案。

明确分析目的，进而分析业务问题，是建立在数据分析师对业务有一定了解的基础上的。一般情况下，企业的指标体系就是业务的抽象形态，而大多数问题是可以通过拆解数据指标初步定位的。所以对于刚入行的数据分析师，即使对于业务不是很了解，仍然可以通过指标体系了解业务形态，并在实际工作中不断积累经验。

2. 说的都对，却没什么用

说的都对，但确实没什么用，是大部分初级数据分析师提建议时会犯的错误之一。以具体的例子来说，业务方看到最近用户的次日流失率高达 70%，会很着急，过来找数据分析师寻求帮助。而数据分析师却说："流失率这么高，那你们降低用户流失率啊。"这样的建议是对的，但是对于业务方是没有任何帮助的，业务方也知道需要降低用户流失率，但到底怎么降低，数据分析师并没有从数据层面给出一定的建议。

这类问题，大多数是问题分析不够深入，拆解得不够细致造成的。面对用户流失严重这个问题，业务方找到数据分析师肯定是想要找到什么样的用户流失了，这些用户为什么流失，在哪个环节流失以采取一些针对性的措施。

数据分析师经过较为细致的拆解，可以从渠道、流失步骤等提出以下较为具体的建议：

（1）渠道 A 的用户流失较为严重，而渠道 B 的用户黏性较好，可以考虑减少渠道 A 的资源投放，增加渠道 B 的资源投放。

（2）流失用户中的 80%在某节点流失，可以考虑排查是否该节点存在技术问题或者不符合用户偏好和使用习惯。

这样提建议，业务方才有着力点，才能从产品侧对业务进行一定的改进，也才是有意义的建议。

3. 提出的建议无法落地

除了上述两种情况，提出的意见无法落地也是较为常见的问题。面对用户流失这个问题，数据分析师经过市场分析和竞品分析之后，发现由于相关竞品以低价夺走了部分市场份额，用户随之流失，因此数据分析师建议降低商品售价并与竞品保持一致。

这个建议的确可以减少用户流失，挽回部分用户，但是公司经营涉及成本问题，可能降低售价，利润就微乎其微了。业务方以 KPI 为导向，所以并不会采纳这类意见。

数据分析师这个岗位并不直接参与到业务决策中，就算数据分析师提出合理、切实可行的意见或建议，业务方也不一定采纳。所以这类问题考验的已经不是数据分析师基础的数据分析能力，更多的是其软技能、沟通能力及影响力。数据分析师在提出意见和建议时可以考虑用图表代替文字说明问题，用业务方听得懂的话代替专业术语陈述建议。另外，如果你的建议能够帮助业务方提升 KPI，那么业务方多少会对你的建议感兴趣。当然，从不同的业务出发，从不同的分析角度着手，都能提出各种不同的建议。所以本节只是抛砖引玉，至于如何在不同业务形态中提出合理、可行的建议，就需要数据分析师在实践中积累了。

2 第 2 篇
数据指标体系

理解了什么是数据思维及其培养路径之后，就可以尝试着将数据思维运用到数据分析的过程中。要做分析，必须有数据，因此获取用户数据是数据分析师工作链路的第一环节。通常情况下，数据分析师通过埋点获取用户数据。而获取用户数据之后，数据分析师也需要对数据进行一定的加工和处理，构建标签和指标体系以减少重复劳动。因此，本篇会基于数据分析前的准备工作进行阐述，立足于数据分析师在数据埋点、标签体系构建以及指标体系构建中承担的角色，详细介绍每一环节的重点内容及相关方法论。

第 4 章 数据埋点

数据分析，首先要有数据，才能分析。那么数据从哪里来就是一个重要的问题。当然数据获取的方式有很多，可以通过用户调研获取数据，也可以通过软件工具抓取所需数据，购买第三方的数据也是一种方法。但这些方法对于互联网企业来说都是获取数据的辅助方法，主流方法还是通过数据埋点获得。所以，本章立足于数据来源，介绍互联网企业如何通过数据埋点获取数据，数据埋点的方法以及数据分析师如何设计数据埋点方案。

4.1 数据埋点简介

不知道从什么时候开始，我们的隐私已经被暴露，在互联网场景下，我们一定程度上是在"裸奔"。列举几个情景，你应该也会感同身受。

想必在热门搜索引擎上搜索过自己心仪的商品后，推荐页面就会弹出各种各样与搜索商品相似的商品；更有甚者，在某些 App 上看视频或浏览误点击了某辅导机构的小广告，除了收到各式各样中小学课程推荐，还可能接到推销电话。

上述情景的发生，是由于各类手机 App 通过数据埋点技术、数据上报技术采集了用户的行为信息，基于行为信息对于用户的年龄、职业、需求等做出预判，从而推荐相应的商品。那么各类 App 会采集用户的哪些信息，这些信息是如何通过数据埋点技术采集到的，又是如何进行数据上报的呢？

作为数据分析师，有必要系统地了解从用户行为到用户数据的整个流程，为之后数据埋点的工作做一个简单的铺垫。

4.1.1 从数据产生流程浅谈数据埋点

互联网的海量数据是通过数据埋点技术采集用户行为数据而产生的，每当用户在客户端发生一个行为操作，这个操作会被对应页面位置背后的代码采集到，这就是数据埋点技术；采集到的数据通过 SDK（Software Development Kit）上报，这就是数据上报技术；上报后的数据通过一系列处理流程进入数据仓库，形成海量的用户数据。

图 4-1 所示的过程就是用户数据产生的过程，这个过程涉及三个重要的主体，分别是用户、客户端和服务器。

图 4-1　用户数据产生过程

数据分析师需要关注三个问题：第一，用户的哪些行为会被采集到，是在客户端还是在服务器被采集到；第二，实现用户数据采集的技术有哪些以及它们之间的异同；第三，采集到的用户数据是如何实现上报的。后面几节内容会一一介绍这三个问题。理解了这三个问题，对于数据分析师需要开展的数据埋点工作大有益处。

4.1.2 为什么需要进行数据埋点

为什么要进行数据埋点获取用户行为习惯呢？当然是要对业务进行数据监控，对产品进行优化，对用户行为进行分析以实现精细化运营。那如何实现呢？这就需要数据分析师对海量的用户数据进行分析，提出相应的方案。数据埋点无论是对于数据分析师还是对于企业来说都极其重要。如图 4-2 所示，数据埋点做得好，能够方便数据分析师分析业务问题，快速得出结论，同时辅助业务方进行决策，以实现业务 KPI，形成闭环。

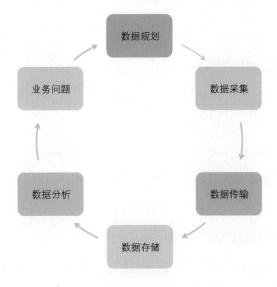

图 4-2 数据治理流程的业务闭环

4.1.3 数据埋点能够采集哪些用户数据

网站或者 App 能够采集到用户的四类信息（见图 4-3）：①设备的硬件信息，如设备品牌、型号、主板、CPU、屏幕分辨率等；②软件能力，就算没有点击网页或者 App、横竖屏、截屏、摇一摇等操作也会被记录下来；③数据权限，新注册某款软件时，对于相册、通讯录、GPS 等比较私密的信息一般会跳出让用户授权的页面，如果用户同意授权，那么网页或者 App 就能够采集到这些信息；④用户行为，用户只要对网页或者 App 进行操作，行为都会被记录下来。

虽然网站或 App 在用户授权的情况下可以采集用户的各类数据，但是数据分析师在做数据埋点文档的时候，并不需要追求大而全，根据业务方的需求文档对相应的行为进行埋点记录即可。

图 4-3　App 或者网页能够采集到的信息

4.1.4　数据埋点与隐私保护

对于隐私保护，就普通大众来说，目前能做的就是，对于私密信息的授权要谨慎，尽量不要在互联网上填写个人信息，特别是上传身份证等。

讲完数据埋点的相关背景知识，下面介绍埋点有哪些种类，如何选择合适的埋点方案，如何做好一份数据埋点文档。

4.2　数据埋点分类及主流的数据上报技术

数据分析师在进行埋点之前了解数据采集和上报的方式，对于埋点工作的开展大有裨益。本节详细介绍数据埋点的分类及主流的数据上报技术。

4.2.1　数据埋点的分类及方式

数据埋点的方法根据其位置不同，可分为前端埋点和后端埋点。

前端埋点通过 SDK 进行数据采集，为了减少移动端的数据流量，通常对采集的数据进行压缩、暂存、打包上报。对于那些不需要实时上报的事件，通常只在 Wi-Fi 环境下上报，因此会出现数据上报的延迟与漏报现象。

后端埋点通过调用 API（Application Programming Interface）采集信息，使用内网传输信息，基本不会因为网络原因丢失数据，所以后端传输的数据可以非常真实地反映用户行为。理论上，只要客户端向服务器发送请求，服务器埋点就能够收集到相应的数据。相比于前端埋点，后端埋点能实时采集数据，不存在延时上报现象，数据很准确；并且后端埋点支持与用户身份信息和行为附带属性信息的整合；另外，每次上线新的埋点或者更新埋点时，发布后埋点马上生效。

前端埋点又可以根据自动化程度不同，分为代码埋点（手动埋点）、全埋点（无埋点或全自动埋点）、可视化埋点。

各类埋点的定义、异同、优点、缺点及适用场景如表 4-1 所示。

表 4-1　前端埋点与后端埋点的区别

	前 端 埋 点			后 端 埋 点
	代码埋点/手动埋点	全埋点/无埋点/全自动埋点	可视化埋点	
定义	根据业务需求手动书写代码实现埋点，通过调用埋点 SDK，上报埋点数据	全埋点、无埋点及全自动埋点都是一个概念，它通过在产品中嵌入 SDK，前端自动采集页面上的全部用户行为事件	只要嵌入集成采集 SDK，即可访问分析平台，通过"圈选"实现用户行为的采集，并对该事件命名	调用 API 接口完成用户行为采集，数据通过内网传输，基本不会因为网络原因丢失数据，数据可以非常真实地反映用户行为
优势	可以自定义属性、自定义事件，具有可控性，适用面较广	不需要人工介入，前期埋点成本较低。 当需求发生变化时，无须修改埋点。数据可溯源，无新老版本之分	人力成本低，更新代价小	灵活准确，无须更新版本，数据上传及时
劣势	项目工程量大，周期长，沟通成本高	数据准确性不高，上传数据量较多	不支持自定义事件，覆盖的功能有限	需要进入服务端采集用户行为，缺少前端环境信息，前端交互数据缺失
应用场景	无法通过全埋点和可视化埋点准确覆盖业务场景	无须采集事件，适用于活动页等简单规范的页面场景，主要分析点击的场景	用户在页面的信息与业务关联较少，页面量较多且页面元素少，对行为数据的应用较少	前后端数据结合，如订单数据或支付数据等

4.2.2　主流的数据上报技术

埋点能够获取用户设备、行为等方面的信息。获取信息后需要将数据上报，然后入库储存，最后数据分析师才能拿到这些数据进行分析。下面介绍主流的数据上报技术。目前，主流的数据上报技术有客户端主动上报、服务端获取和前端埋点及后端埋点遥相呼应。

1. 客户端上报

客户端上报数据流程如图 4-4 所示，用户在客户端进行操作时，客户端通过网络发送 HTTP（Hypertext Transfer Protocol）请求给服务端，同时将数据上报给服务端（服务器）。如果用户每操作一次，客户端就将数据上报一次，而一款产品的用户数量少说也是上万级别的，操作一次，上报一次，则对服务器的压力是极大的。所以，客户端会将用户数据积攒起来，业内称这个积攒下来的数据为数据包，在某个时间点客户端统一将数据包上传给服务器。

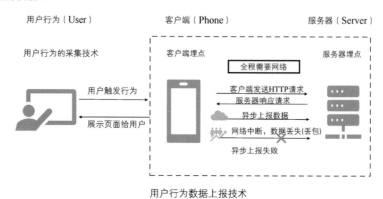

图 4-4 客户端上报数据的技术

因为用户的操作节点和数据的上报节点并不总是同步的，所以客户端的这种上报方式称为异步上报。整个客户端上报过程是需要网络的，在极端情况下，客户端正准备上报数据包，但这时候突然断网，如果网络没有"重连"机制或者一直连不上网络，这个数据包就会丢失，称为丢包。这从一定层面上解释了客户端上报的数据不那么准确的原因。

2. 服务端获取

在网页中，用户首次看到的内容，都是从服务器返回的。那么服务器在应答客户端请求的时候，也能获取一些基本信息，比如浏览器类型、版本号、屏幕分辨率、IP 地址等。

4.3 数据埋点方案设计

理解了数据获取流程及数据上报技术之后，就可以正式开始埋点工作了。埋点是统一数据口径的一个重要环节，这也是数据分析师一定要参与埋点工作的原因。

举一个例子，你就会明白数据分析师参与埋点工作的重要性。数据分析师常会被业务方拿着两个不同数据平台的报表数据进行"灵魂拷问"。下面的场景，数据分析师应该再熟悉不过了。

一场"拉新"活动之后，运营人员拿着两个不同团队维护的报表数据来问数据分析师，为什么两份报表统计出来的日活跃用户数量（DAU）不一致？

数据分析师解释道："你确定两份报表的统计口径是一致的吗？最小的统计维度是一致的吗？"

运营人员说："都是一样的啊，统计的都是 DAU。"

数据分析师说："DAU 以全局用户唯一编号为最小维度进行统计或者以设备唯一编号为最小维度进行统计，其结果会有一定的差距。数据平台以全局用户唯一编号为最小单位统计 DAU。而且，即使统计口径一致，埋点和上报方法也有区别。"

后来，向另外一个数据平台的相关人员咨询相关情况后，笔者发现，虽然他们统计DAU 的最小单位是设备唯一编号，但不同的统计口径会造成一定的数据差异。统计口径的差异不只出现在报表统计阶段，在数据埋点阶段也会出现口径不一致的问题。触发事件的条件、数据埋点的方式、数据上报的方式不同都会造成数据不一致的情况出现。

4.3.1　数据埋点流程

数据埋点是数据治理流程中重要的一环，是一项需多部门协作共同完成的工作，数据分析师在这个流程中承担着重要的角色。我们将数据埋点流程梳理为图 4-5。数据分析师从数据需求评估阶段直至数据应用阶段都会参与，可谓是埋点工作的中流砥柱。

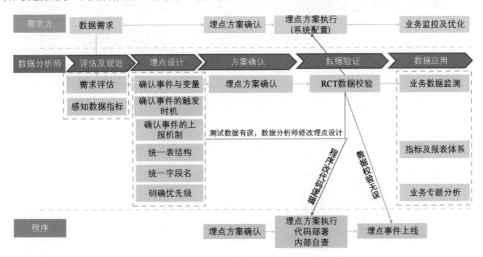

图 4-5　数据埋点流程

在数据埋点这项工作中，数据分析师需要立足于当前的数据需求，提炼出数据指标方案，并且构思这些指标需要哪些数据，这些数据也就是需要的埋点。当然，这只是一些初步的埋点方案，想要让埋点变得"准"而"全"，还需要另外一些方法才能实现，比如用户路径等。有了初步的埋点规划之后，数据分析师还需要确定时间触发机制和上报机制，因为不同的机制意味着不同的统计口径。对于新业务方来说，为了避免因统计口径不一致而出现乌龙事件，统计指标最好能和之前的口径一致，以方便横向比较。除此之外，统一各个项目之间的字段名和表结构也是一项必不可少的工作，这个步骤也是数据治理流程中必不可少的环节。完成这些步骤之后，一份初步的埋点方案就完成了。然后在和业务方及前端、后端工程师的反复讨论中修改完善埋点文档，将埋点文档交付前、后端工程师进行埋点，在此期间数据分析师需要通过测试环境的数据验证当前埋点是否存在问题，若有问题，还可以在该阶段进行修改，若无问题可部署埋点事件上线。

4.3.2 通过六个步骤实现数据埋点设计

埋点方案设计是数据分析师的重要工作职责之一，如果埋点设计得好，则能够极大地方便后续的数据应用。对于数据埋点的设计，笔者总结了六个关键步骤。

1. 确认事件与变量

这里的事件是指产品中的功能或者用户的操作，变量是指描述事件的属性或者关键指标。确认事件与变量可以通过 AARRR（Acquisition Activation Retention Revenue Referral）海盗模型或者 UJM（User Journey Map，用户旅程图）模型进行逐步拆解，理清用户生命周期和行为路径，抽象出每一个步骤的关键指标。

AARRR 模型和 UJM 模型会在第 6 章详细讲解。

2. 明确事件的触发时机

不同的触发时机代表着不同的事件计算口径，因此触发时机是影响数据准确性的重要因素。以用户付款为例，是以用户点击付款界面作为触发条件，还是以付款成功作为触发条件进行埋点呢？二者口径不同，数据肯定会有一定差异，因此明确事件的触发条件非常重要。

在用户付款这个例子中，笔者建议使用两个字段记录用户付款行为：一个字段记录点击付款界面这个行为，另一个字段记录是否付款成功。

3. 明确事件的上报机制

上报机制也是数据准确性的重要影响因素之一。客户端上报数据可能会由于网络连接原因出现丢包的情况，前面章节已经详细介绍过上报机制之间的异同，这里就不再赘述。数据分析师在完成埋点工作的时候也需要确定数据是实时上报还是异步上报，以确定埋点是否合理，并及时调整数据埋点方案。

4. 统一表结构

统一数据表结构，可方便团队内部进行数据的管理和数据复用，建议在团队内部形成一套统一的数据结构规范。例如，将表分为不同的层级，第一层记录用户的基础信息，包括用户 ID、地区、昵称等；第二层记录用户行为信息。

5. 统一字段名规范

有了统一的数据表结构规范还不够，统一数据命名规范也是数据埋点工作的重要一环。如果有条件的话，可以建立数据字典，以统一数据命名规范。例如，确保同一变量在所有的数据表中都用统一的字段名。对于消费金额这个字段，数据分析师希望所有的表中只要出现消费金额都用 Amount 字段名，不要出现 money、payment 等其他字段名。

建立公司内部或者团队内部的命名规范是非常必要的，可以采用动词+名词或者名词+动词的规则来命名，比如"加入购物车"事件，就可以命名为：addToCart。

6. 明确优先级

数据埋点是为数据应用做铺垫的。埋点之后，数据分析师可能面临着搭建指标体系和数据报表体系的工作，可以根据报表的优先级、埋点的技术、实现成本及资源的有限性，为数据埋点确定优先级。

4.3.3　以电商成交为例实现数据埋点设计

以电商成交为例，笔者将其数据埋点设计流程总结为图 4-6。

1. 确认事件与变量——通过 UJM 模型拆分用户购买商品的路径

将用户购买路径拆分为注册、登录、商品曝光、商品点击、浏览页面详情、加入购物车、生成订单、订单支付等步骤。根据产品经理提出的数据需求，确定每一个步骤需要哪些字段才能实现数据需求。

2. 确认触发机制

明确是在点击按钮时记录行为还是在用户完成该步骤时记录行为。

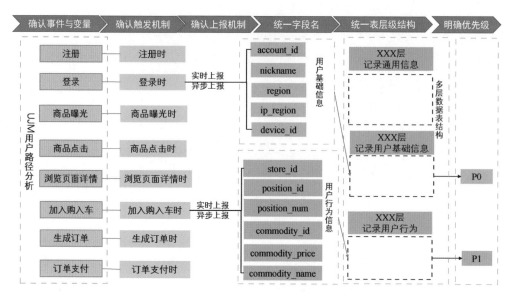

图 4-6 电商成交的数据埋点设计流程

3. 确认上报机制

明确数据上报机制是实时上报还是异步上报。不同的上报机制采集到的字段可能不一样，或者说需要将字段拆分到不同表中进行记录。

4. 统一字段名

业务数据集内同一变量在所有的数据表中都使用统一的字段名。例如，用户编号用 account_id、用户所属国家用 region、用户所属地区用 ip_region 等。

5. 统一表层级结构

这里采用多层数据表结构，第一层存放通用信息，第二层存放用户基本信息，第三层存放用户行为信息。表层级结构可以根据团队内部的数据接入规范进行调整，只要是统一的结构，对于数据分析师的分析都是有利的。

6. 明确优先级

根据埋点需求的紧急程度，给每一个埋点任务标上优先级。

根据上面的六个步骤，将每一个步骤需要记录的字段按照标准格式汇总到文档中，即可完成初步的埋点设计。之后，还需要与产品经理、策划人员和前端、后端工程师一起反复讨论，不断修改完善文档，直至三方会谈达成统一意见，最终埋点文档可以参考

图 4-7。

事件名称	事件说明	所属层级	触发条件	属性英文变量名	事件属性说明	属性值类型	属性值示例	上线版本	优先级
user_info	用户基础信息	user	发生事件行为时	account_id	用户ID	int	2006463	AP	P0
				account_nickname	用户昵称	str	小学生宏宇	AP	
				region	用户所属地区	str	CN	AP	
				ip_region	子地区	str	SH	AP	
				device_id	设备ID	str	dect345671sdt790	AP	
				account_level	用户等级	int	8	AP	
				……	……			AP	
commodity_exposure	商品曝光	action	商品曝光时	commodity_name	商品名称	str	铅笔	AP	P2
				commodity_id	商品ID	int	3007	AP	
				store_id	店铺ID	int	5009	AP	
				commodity_price	商品单价	int	2.4	AP	
				position_id	坑位ID	int	4	AP	
				position_num	坑位位置	int	6	AP	
commodity_click	商品点击		商品点击时	commodity_name	商品名称	str	铅笔	AP	P2
				commodity_id	商品ID	int	3007	AP	
				store_id	店铺ID	int	5009	AP	
commodity_browse	商品详情页浏览		打开商品详情页面时	commodity_name	商品名称	str	2.4	AP	P1
				commodity_id	商品ID	int	4	AP	
				store_id	店铺ID	int	6	AP	
add_to_cart	加入购物车		加入购物车时	commodity_name	商品名称	str	铅笔	AP	P1
				commodity_id	商品ID	int	3007	AP	
				store_id	店铺ID	int	5009	AP	

图 4-7　最终数据埋点文档

在第 4 章，数据分析师通过埋点的方式获得了海量的数据，要让数据发挥其应有的价值，就需要数据团队对这些数据进行统一的处理，以方便业务团队及数据分析师使用。数据标签体系的构建是原始数据处理中的重要一环，依据用户历史行为数据对每个用户的社会属性、商业属性、内容属性、行为属性等打上相应的标签，以实现用户分层精准运营。在本章，笔者会从数据标签体系与用户画像出发，通过实际案例介绍什么是数据标签体系，如何构建数据标签体系，构建好的数据标签体系如何落地，最终形成一个完整的闭环。

5.1 数据标签体系与用户画像

数据埋点为数据采集提供了可能，数据中心通过对采集到的数据进行加工处理可以形成一系列的用户数据标签，同一用户多个标签的集合就组成了用户画像。数据标签和用户画像可以帮助企业实现精细化运营和精准营销。本节主要围绕数据标签体系与生成用户画像展开，详细介绍数据标签体系、数据标签的类型及用户数据标签和用户画像之间的关系。

5.1.1 什么是数据标签体系

用户的数据标签是通过对用户行为数据进行加工处理得到的，它是用来描述实体业务特征的数据形式。挖掘用户的数据标签是企业实现广告定向投放、精准推送的先决条件。如图 5-1 所示，用户的数据标签是指通过对用户的社会属性、消费习惯、偏好特征等多个维度的数据进行采集和处理，实现对用户或产品属性特征的刻画，并对这些特征进行分析、统计，挖掘潜在价值，从而抽象出用户的信息全貌[1]。

对于用户的数据标签与数据标签体系的关系可以这样理解：用户的数据标签是用户信息标签化，即将用户的各类信息映射为标签符号，这些标签符号最终会形成普通大众对于用户或者产品的认知；数据标签体系是将用户多个维度的标签按照一定规律进行组合，以提高数据分析师的分析效率，更好地辅助运营人员进行决策。

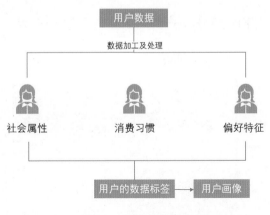

图 5-1　数据标签体系

5.1.2　数据标签体系的作用

　　数据标签是人为设定的特征标识,是对用户特征高度精练的描述。在不同的领域,数据标签有不同的应用场景。对于广告投放场景来说,数据标签体系能够实现人群的精准圈选,以实现广告投入产出比最高;对于电商来说,数据标签体系能够实现用户分层运营、商品精准推荐,从而实现 GMV 最大化;对于内容服务平台来说,数据标签体系能够实现内容精准推送,提升流量变现能力。以上就是数据标签体系在不同行业的应用。总结起来,数据标签体系的作用可以归纳为用户洞察、个性推荐、渠道优化、营销增强等几个方面。

5.1.3　数据标签的分类

　　如图 5-2（a）所示,数据标签从计算方式层面分类,可以分为统计类标签、规则类标签、模型类标签（例如机器学习类标签）。统计类标签和规则类标签主要由数据分析师负责构建和维护,模型类标签则通常由算法工程师维护。

　　如图 5-2（b）所示,从标签更新时间层面一般可以分为两类,即离线标签和实时标签。离线标签大多数情况下是隔天更新的,即以 T+1 的方式进行更新;很多场景下,按分钟级别、秒级别进行数据响应的就需要实时标签。通常情况下,数据分析师负责处理的数据标签都是离线标签。

1. 统计类标签

统计类标签是较为常见的数据标签。例如,对于某个用户来说,其性别、地区、年龄、近 7 日活跃天数、近 7 日平均活跃时长等标签都可以从用户注册表、登录表中统计得出[1]。

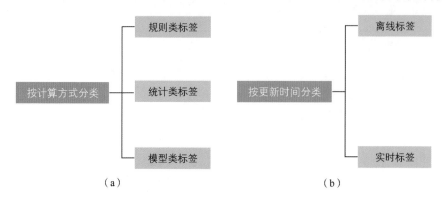

图 5-2　标签的分类

2. 规则类标签

规则类标签是数据分析师基于用户行为数据及运营人员的经验共同制定的数据标签。数据分析师可以基于数据特征的分布及运营人员的意见，定义统一的计算口径，实现用户数据标签化。例如，数据分析师根据用户付费金额的数据分布，同时参考运营人员的经验值，将月累计付费金额≥2000 元的用户定义为高付费用户。

3. 模型类标签

对于用户流失场景、用户转化场景，统计类标签和规则类标签可能满足不了业务需求，此时就需要基于用户历史行为数据通过机器学习的方法预测用户流失或转化的倾向。模型类标签的开发通常由算法工程师或者数据工程师开发，但是这类标签开发成本较高，时间周期较长，因此其所占比例较小。

5.1.4 用户数据标签的层级分类

一般情况下，数据标签体系是由不同的维度构成的成百上千个数据标签的集合，将这些散乱的标签有序地管理起来就需要构建一定的层级结构。在进行数据标签层级分类的时候尽量参照 MECE（Mutually Exclusive Collectively Exhaustive）原则（6.2 节详细讲解），即相互独立，完全穷尽。

如图 5-3 所示，可以根据不同的业务需求和业务形态进行层级分类，第一层可以分为社会属性标签、商业属性标签、内容属性标签、行为属性标签；确定标签的大类之后，可以继续对大类进行细分，形成二级分类，例如，社会属性标签可以细分为基础信息、位置信息、人群属性等；同样地，二级标签可以根据需要继续进行细分，形成三级标签，例如，基础信息标签可以继续细分为性别、年龄、职业等。最后，罗列三级标签的具体信息就形成四级标签。

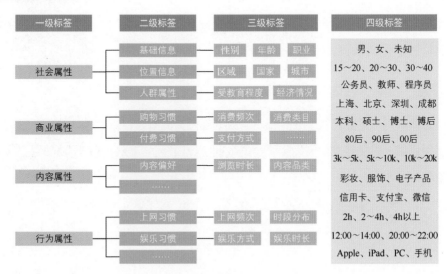

图 5-3　数据标签的层级分类

5.1.5　数据标签体系与用户画像的关系

用户的数据标签是用户画像的基础和前提，用户画像是数据标签的应用场景之一。数据中心通过采集用户人口属性数据、行为数据、内容偏好数据生成用户的数据标签，并将多个标签整合以及可视化最终生成用户画像。如图 5-4 所示，同一个用户多个维度的数据标签的组合就构成了用户画像，此处用户画像图片由"易词云"生成。

图 5-4　数据标签体系与用户画像之间的关系

所以说，数据标签体系是实现对用户的细分、实现用户分层运营的前提。

5.2 如何构建数据标签体系

数据标签是用户精细化管理与运营的基础，是实现数据驱动的用户管理和营收增长的重要环节。数据标签体系的构建是多部门共同参与的工作。本节主要围绕数据标签的开发流程展开，详细介绍数据分析师在数据标签开发流程中承担的角色，并通过示例说明数据标签体系构建的各个细节。

5.2.1 数据标签体系构建的流程

标签体系构建前期，需要业务部门与数据部门共同解读目标，确认数据标签需求细节及使用场景，并由数据部门确定统一的数据统计口径，完成标签开发及部署上线，其完整流程如图 5-5 所示。

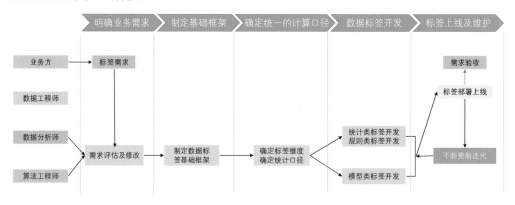

图 5-5　数据标签体系构建流程

1. 明确业务需求

明确业务需求是开发数据标签的第一步。这一阶段需要数据分析师与业务方沟通数据标签体系的运用场景，是运用于智能触达、用户分层还是个性推荐或其他场景。如果有明确的使用场景，数据分析师还需要沟通数据标签体系的开发周期等问题。因为数据标签体系的开发是一个工作量大、周期长的工作。如果业务方需求较为紧急，可以考虑其他代替方案。

2. 制定基础框架

数据分析师在明确具体的业务需求之后，可以着手制定数据标签体系的基础框架。这个框架是数据标签体系开发的基础，框架层级可多可少，但至少包括一级标签和二级标签。

3. 确定统一的计算口径

有了用户的数据标签体系框架之后，确定标签的统计维度及统计口径是标签开发中较为重要的环节。因为对于同一标签来说，不同的统计维度和统计口径往往会出现不同的结果。最好的解决办法是，数据部门开发一份全公司统一的数据指标字典，各个指标以统计口径进行计算，以防止统计口径不一致而造成的数据问题。

4. 数据标签开发

完成前期准备工作之后就到了标签开发阶段，这个阶段需要数据分析师/数据工程师与算法工程师配合完成。数据分析师主要完成统计类标签和规则类标签的开发，算法工程师主要完成模型类标签的开发，而数据工程师会协助数据分析师完成标签的部署与调度。

5. 标签上线及维护

数据标签开发完之后，标签上线与迭代是后续的重点工作。数据部门需要不断地调整/新增数据标签以满足不同的业务需求。

5.2.2　数据分析师在标签体系构建过程中承担的角色

数据分析师在用户标签体系（以下简称数据标签）构建过程中承担了重要的角色。上至目标解读和需求调研阶段，下至数据标签的开发及维护阶段都少不了数据分析师的参与。在需求沟通阶段，数据分析师需要从宏观层面解读目标，明确业务场景及业务方的最终目标；明确需求之后，在数据标签开发阶段，数据分析师主要承担统计类标签和规则类标签的开发和维护工作。在标签开发阶段，需要统计哪些信息，规则如何制定，都是需要数据分析师和业务方共同讨论确定的。待数据标签开发完成后，就可以交给数据工程师完成线上部署及定时调度等配置。当然，在数据标签开发完后，数据分析师的工作并未结束，后期对于数据标签的维护也是其重要工作之一。在数据标签维护过程中，数据分析师可能会需要根据业务需求和业务逻辑的变更及时地对数据标签体系进行调整。

那么，每一个环节数据分析师到底做一些什么工作？这些工作如何处理会更好呢？下面会详细介绍各个流程的工作细节。

5.2.3 以某 App 付费用户的数据标签体系的构建为例，浅析数据标签体系构建过程

在 5.2.1 节和 5.2.2 节，我们介绍了构建数据标签体系的方法论和实现步骤，下面以某 App 付费用户标签体系的构建为例，详细地说明每一个环节如何实施。

1. 明确业务需求

构建数据标签体系的第一步是明确业务方的需求，搞明白业务方现在面临什么问题，主要需求是什么，需要重点解决的问题是什么。这一阶段需要和业务方不断交流沟通，摸清业务方的痛点和预期目标。对于如何明确业务需求，可以参考图 5-6 实例中提到的 5W2H 分析框架，通过该分析框架一步步明晰业务目标及预期。5W2H 分析框架会在 10.2 节详细讲解，这里不再赘述，只说明如何通过该分析框架明确业务目标，理清数据需求。

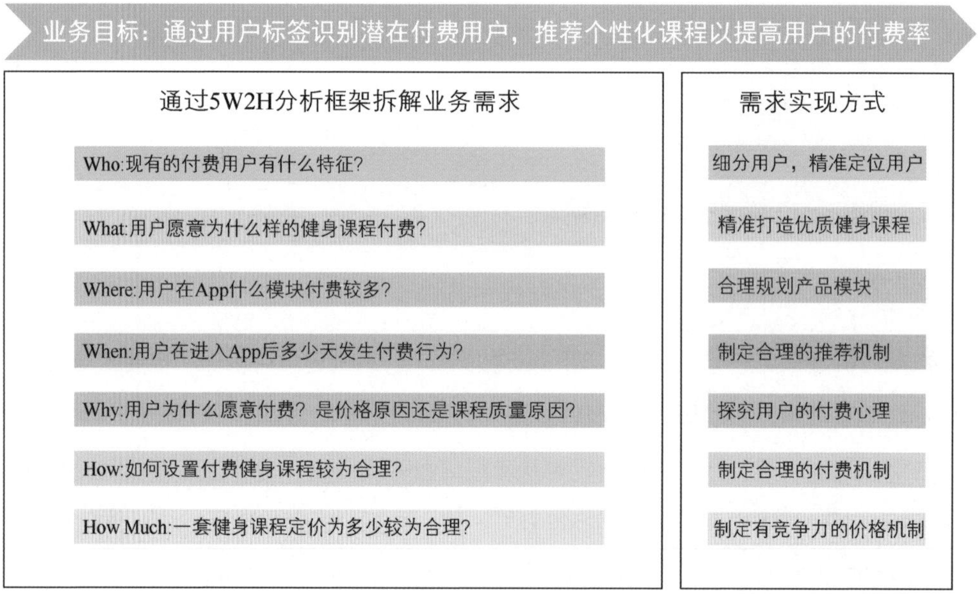

> **业务目标：通过用户标签识别潜在付费用户，推荐个性化课程以提高用户的付费率**

通过5W2H分析框架拆解业务需求	需求实现方式
Who:现有的付费用户有什么特征？	细分用户，精准定位用户
What:用户愿意为什么样的健身课程付费？	精准打造优质健身课程
Where:用户在App什么模块付费较多？	合理规划产品模块
When:用户在进入App后多少天发生付费行为？	制定合理的推荐机制
Why:用户为什么愿意付费？是价格原因还是课程质量原因？	探究用户的付费心理
How:如何设置付费健身课程较为合理？	制定合理的付费机制
How Much:一套健身课程定价为多少较为合理？	制定有竞争力的价格机制

图 5-6 通过 5W2H 模型拆解业务需求

根据 5W2H 分析框架，首先明确整体的需求。对于某 App 付费用户标签体系的构建来说，业务方想要通过用户标签识别潜在付费用户，通过个性化课程推荐来提高用户的付费率。

明确需求之后，数据分析师可以利用 5W2H 分析框架拆解需求以明确构建用户标签体系的思路。

2. 制定用户标签基础框架

通过 5W2H 分析框架解析业务需求之后，基本的用户标签体系的框架也就成形了。这一阶段根据需求解析结果，整理用户标签体系整体框架，以指导后续的标签开发。这一阶段需要业务方、数据分析师及算法工程师共同协商确定。对于某 App 付费用户标签体系来说，其基础框架可以参考图 5-7。

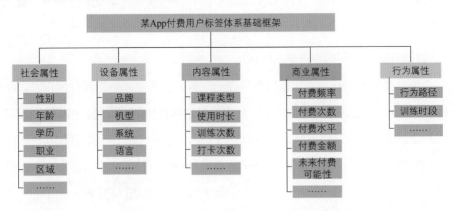

图 5-7　某 App 付费用户标签体系的基础框架

要解决"什么样的用户更倾向于付费？"这个问题，可以从用户的社会属性出发，研究不同性别、年龄、学历、职业、区域的用户对于课程付费的偏好；同样，从设备属性着手也可以分析用户付费的偏好。对于"用户愿意为什么样的健身课程付费？"以及"在 App 的什么模块付费？"这两个问题，可以从用户的内容属性出发，研究用户对不同类型的课程的使用时长、训练次数、打卡次数等以生成用户的内容偏好标签。对于"用户进入 App 后多少天发生付费行为"及"付费意愿"等问题，研究用户的商业属性最合适，可以从付费频率、付费次数、付费水平等层面出发生成用户付费标签；当然，也可以基于用户的历史数据预测用户付费可能性并生成相应的标签。另外，还要对用户的行为属性进行分析，明确用户行为偏好。

3. 确定标签维度及统一计算口径

确定了用户的数据标签体系的基础框架之后，就需要确定标签的统计维度和计算口径。标签的数据大多数情况下是通过数据埋点获取的；当然，对于用户的社会属性等标签信息往往是基于用户行为使用一定的算法推断出来的，也有基于第三方数据获取的。对于各个数据标签的计算口径，数据部门可以制定出一份统一的数据字典，以防止不必要的解释成本。

在某 App 付费用户标签体系构建案例中，笔者以用户全局唯一编号 account_id 为统计维度，统计每个用户各类标签信息。

4. 数据标签开发

数据标签的开发由数据分析师和算法工程师共同完成。数据分析师主要负责统计类标签和规则类标签的开发；算法工程师主要负责模型类标签的开发。

1）数据分析师如何构建统计类标签

对于统计类标签的开发，数据分析师在与运营人员等业务方沟通好需求之后，可通过 SQL 实现相关标签的统计并通过定时调度任务定期更新数据标签。例如，数据分析师开发每月活跃用户在当月活跃情况的数据标签，则可以通过如下 SQL 代码实现，即从用户登录信息表中统计用户当月累计活跃天数及累计在线时长等标签。当然，数据分析师也可以根据企业的业务属性，与业务方共同商定数据标签维度及相关统计口径。

```
SELECT month(to_date(dt,"yyyyMMdd")) month_num,
       account_id,
       count(DISTINCT dt) activate_days,
       sum(onlinetime) total_online_time
FROM logininfo
GROUP BY account_id, month_num
```

2）数据分析师如何构建规则类标签

除了统计类标签，规则类标签的开发也可以由数据分析师完成。但在开发标签之前，数据分析师需要与业务方共同商定标签的规则。例如，数据分析师和运营人员确定的用户付费标签规则为：将当月累计付费金额（单元：元）大于 0 且小于或等于 200 的用户定义为初级付费用户(small_r)；大于 200 且小于或等于 400 的用户定义为中级付费用户（medium_r）；大于 400 且小于或等于 600 的用户定义为高级付费用户(big_r)；大于 600 的用户定义为超级付费用户(super_r)。根据以上的定义规则，我们通过对用户的月累计消费金额进行数据分箱获得用户付费标签，实现的 SQL 代码如下。

```
SELECT   account_id, month_num, region,
       CASE WHEN total_pay>0   AND total_pay<=200 THEN   'small_r'
            WHEN total_pay<=400 THEN   'medium_r'
```

```
            WHEN total_pay<=600 THEN    'big_r'
            ELSE 'super_r'
      END AS label
FROM
   ( SELECT account_id, region, month(to_date(dt,"yyyyMMdd")) month_num, sum(payment) total_pay
   FROM payinfo
   WHERE local_dt='20211212'
   GROUP BY account_id, region, month_num)a
```

3）模型类标签的开发

模型类标签主要由算法工程师负责开发，即对用户的社会属性进行预估，或者对用户的付费倾向、流失倾向等标签进行预测。

5. 标签上线与版本迭代

完成数据标签的开发之后，就到了部署上线的环节。部署上线一般由数据工程师来完成。数据分析师和算法工程师需要在上线后，对数据标签进行维护以及根据业务需求调整数据标签，以实现版本的迭代。

5.3　数据标签体系的应用场景

从数据标签需求到数据标签开发，再到数据标签完成，整个过程才能形成一个闭环。如图 5-8 所示，数据标签体系通常服务于数据产品，通过标签查询、人群圈选及自动化触达等功能辅助运营人员进行决策分析；同时，数据分析师可以直接通过数据标签体系提取相应数据，高效地完成日常取数工作以及数据指标体系的构建。

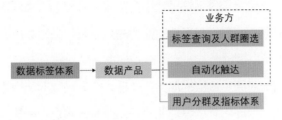

图 5-8　数据标签体系的应用场景

本节会围绕数据标签体系的应用场景展开，介绍业务方及数据分析师如何在实际工作中运用数据标签体系。

5.3.1 数据标签体系辅助运营人员进行决策分析

对于业务方来说，数据标签体系是用户精细化运营的基础。数据标签体系通常以数据产品平台和开放标签查询、人群圈选及分析和自动化触达等功能的形式交给业务方。

1. 标签查询及人群圈选

标签查询是数据标签体系基本的应用场景，业务方可以通过用户标签查询所需的用户群体，对不同类型的用户群体实现精细化运营。例如，可以将过去 30 天付费金额大于 800 元，活跃天数大于 15 天以及活跃间隔小于 3 天的用户定义为优质付费用户，进而对这部分用户进行精细化运营以提升付费金额；同样地，也可以圈选出近 15 天内没有活跃过且最近 30 天内活跃天数小于 2 天的用户，对这部分用户进行一定的干预以提升用户活跃度。

2. 自动化触达

对于业务方来说，数据标签体系的第二个应用场景是自动化触达，以实现对特定用户的干预。例如，在标签查询及人群圈选功能中圈出优质付费用户或潜在流失用户，将这两类用户分别建立不同的群组，然后通过消息触达这两类人群。对于优质付费用户，可以提供"满减优惠券"以刺激用户付费；对于潜在流失用户，则可以通过发送"回归奖励"等消息来触达用户，提升用户活跃度。

5.3.2 数据标签体系可提升数据分析师的分析效率

对于数据分析师来说，数据标签体系提升了数据分析师的分析效率。无论是面对用户分群的分析需求，还是指标体系的搭建相关需求，数据分析师基本都可以从数据标签体系底层表中直接取数，而不需要通过 SQL 再写几十行代码对数据进行分箱（分类），进而生成相应的标签，所以能够节省一定的时间成本，提升分析效率。

数据标签体系用于对原始数据的加工和处理，它通过数据产品的形式提供给业务方标签查询及人群圈选和自动化触达等功能，辅助业务方实现用户精准运营；同时数据标签体系可帮助数据分析师减少用户分群相关需求，提升分析效率，并且为之后的数据指标体系的构建奠定了一定的基础。

第 6 章　数据指标体系

数据的核心作用之一就是，监控业务的发展变化，从数据中发现潜在的业务问题。在实现通过数据监控业务变化这项功能时，数据指标体系会发挥强大作用。数据分析师基于用户原始数据及用户标签，设计业务的监控指标并通过 BI（商业智能）工具定时调度实现业务现状监控。本章介绍什么是数据指标体系，搭建一套完整的数据指标体系的方法和步骤，以及如何通过数据指标体系排查数据异动。

6.1　从中国人口数据初识指标体系构建

指标体系构建是数据分析师的核心工作之一。本节以中国人口数据为例，介绍什么是指标体系，指标体系有什么作用，什么样的指标体系才是好的指标体系。

6.1.1　什么是指标体系

指标体系是一个比较抽象的概念，百度百科上这样定义指标体系——"指标体系是指由若干个反映社会经济现象总体数量特征的相对独立又相互联系的统计指标所组成的有机整体"。看完这句话，仍然是一头雾水，还是不知道什么是指标体系。下面用一个场景来说明，假如让你描述中国人口现状，你会如何描述呢？

你可能会说："2019 年的人口总数超过 14 亿！""出生人口数比往年少了很多"，"人口老龄化也太严重了吧！"

但如果是正式场合，就需要用精准的数字和具体的指标来说明中国人口现状。

官方的说法是这样的，据国家统计局发布的 2019 年经济年报数据显示，2019 年全国人口总数超过 14 亿人，新生人口数达 1465 万人，人口出生率为 10.41‰；死亡人口数为 998 万人，人口死亡率为 7.09‰；人口自然增长率为 3.32‰[①]。

上面的例子中，人口总数、出生率、死亡率、自然增长率是四个不同的指标，它们从不同的维度描述了中国人口现状；当将多个不同的指标有规律、有体系地组织在一起去

---

① 国家统计局编制的《中国统计年鉴 2019》。

量化人口现状时，它们就成为一套指标体系。

所以，根据上面的例子可以重新给指标体系下一个定义。指标体系是指标与体系的结合体，是一套从多个维度拆解业务现状并有系统、有规律地组合起来的多个指标。也就是说，单个指标只能称为指标，多个有一定规律、内部有一定关联的指标的组合才能称为指标体系。

6.1.2 为什么需要指标体系

看完上面的定义，我们已经知道指标体系是什么，那么指标体系到底有什么用处呢？指标体系的功能大致有三点：第一，指标体系是一套标准化的衡量指标，可以监控业务的发展情况；第二，指标体系可以形成报表并固化下来，以减少重复的工作；第三，如果业务出现问题，数据分析师可以通过指标拆解，迅速定位业务问题，给出业务优化方向。

1. 形成标准化的衡量指标，监控业务发展状况

指标体系是一套固化下来的业务监控指标，可以长期监控业务的发展趋势，评价业务的现状。

回到中国人口现状的例子，如果仅看近五年的人口变化趋势，我们会发现人口死亡率基本恒定在 7‰左右，出生率和自然增长率持续走低。从近五年数据来看，如图 6-1 所示，人口状况看似变化并不大，出生率大于死亡率，人口保持正增长，似乎还是一个比较理想的状态。

图 6-1　近五年人口状况

但是，我们将时间线拉长到 20 年，情况就不容乐观了，如图 6-2 所示。我们会发现

2001～2020 年,死亡率是平稳的,但是出生率和自然增长率在 2016 年左右出现了快速降低,分别从 13.75‰、6.53‰降到 8.52‰、1.45‰左右。

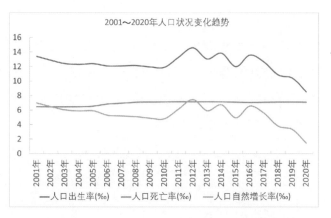

图 6-2 近 20 年人口变化趋势

有了出生率、死亡率及自然增长率等指标并且长期监控这些指标,我们就很容易发现中国人口结构上的一些问题了。

2. 通过指标分级治理,快速定位业务问题,优化业务方向

从上述的分析中,我们很容易发现中国人口结构上的问题,自然增长率太低,如果这个问题不解决就意味着未来年轻人会越来越少,老年人会越来越多。要分析这个问题,数据分析师就需要具体定位一下问题,从而对症下药。

首先,笔者对自然增长率这个指标进行拆解,指出哪些指标影响到自然增长率。如图 6-3 所示,自然增长率等于出生率减去死亡率,在死亡率基本稳定的情况下,出生率降低,自然增长率自然也会降低。因此,我们找出了自然增长率降低的主要原因是出生率降低,这也是各类专家在提出全面开放二孩建议的基础上又提出全面开放三孩建议的原因。

图 6-3 自然增长率的计算公式

但是出生率为什么会降低呢?还需要继续进行指标的拆解,以找出真正影响出生率的因素。比如,人口结构失调、男女比例失调、房价、医疗、教育等都会影响到生育意愿。

在这里,笔者对出生率这个指标继续进行拆解,最终拆解结果如图 6-4 所示。

对于提高自然增长率这个问题，首先会考虑让已婚人群尽可能生一孩或二孩；其次，对于适龄未婚人群，制造条件让其尽快成婚生小孩。有了这样的思路之后，笔者就可以按照已婚和未婚两个群体进行拆分，进一步分别探究影响这两个群体生二孩或成婚的因素。对于已婚人群，可能存在着房贷压力、医疗负担、赡养负担、抚养负担等；对于适龄未婚人群，则可能是因为男女比例失调，找不到合适的男/女朋友，还在读硕士或博士，学业压力大以及"心理恐婚"等。最终的原因还需要结合数据和实际调查结果得出，这里不做过多的展开，只做指标拆解分析。

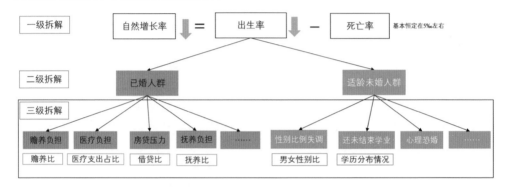

图 6-4　自然增长率的三级拆解

通过上述的指标拆解外加数据验证就可以逐步找到自然增长率下降的原因，解决最根本的问题而非单纯的催婚、催生、催育才是提高自然增长率的最有效的途径和方法。

总结上述问题拆解的过程，首先，建立了自然增长率相关的指标体系；其次，通过拆解自然增长率这个指标前后的关联关系，通过回溯和下钻对自然增长率这个指标进行了三级拆解，最后通过相关数据验证及实际调查得出最终影响自然增长率的因素。

3. 形成标准化体系，可减少重复工作，提高分析效率

指标体系是数据结果体系化的展示。做好指标体系这一块工作可以让统计分析师少做一些临时取数的工作，同时可以实现业务之间的横向和纵向对比（前提是具有可比性的业务）。

还是以人口状况为例，全国人口累计超过 14 亿，国家统计局不可能公开每一个人的数据，所以需要一套完整的指标体系去监控人口状况；而且如果每年的指标体系不一样，那么进行纵向对比也没有什么意义，所以一套固化下来的指标体系显得尤为重要。

6.1.3　指标体系的评价标准及注意事项

回到现实的工作中，什么样的指标体系才是好的指标体系呢？

一套好的指标体系极大地减少数据分析师的临时取数工作，因为业务存在的问题都可以通过指标体系中的数据回溯、下钻和分级拆解得到暴露。如果数据分析师做完一套指标体系之后，业务方还是频频找你提出取数需求，那么可能是你的指标体系还存在优化的空间，这时候就应该先寻找指标体系的问题。

如果指标体系没有较大的问题，那么如何通过现有指标体系评价业务现状呢？

作为数据分析师，通常会用到比较的方法，有比较才有说服力。一般情况下我们会用现有的业务指标和大盘数据进行比较，从而说明业务现状。

构建一套指标体系需要注意哪些问题呢？

1）数据提前埋点

对于互联网公司而言，数据产生于用户行为，用户行为都是通过埋点触发而记录的，所以要获得相应的用户数据，就得先埋好点。

2）统一计算口径

统一计算口径是很重要的步骤。不同的计算口径计算出的数据会略有差异。统一的计算口径可以使业务具有横向和纵向的可比性，所以需要统一整套指标体系的最小计算单位。

3）指标穷尽且相互独立，遵循 MCEC 原则

对于某一块业务，我们需要下钻和拆解。下钻维度和拆解维度需要相互穷尽且完全独立，也就是麦肯锡提出的 MECE（Mutually Exclusive Collectively Exhaustive）原则。只有这样才能更好地暴露业务存在的问题。MCEC 原则会在下节详细介绍。

6.2　用四个模型梳理数据指标体系构建的方法论

作为数据分析师，构建数据指标体系是较为基础又极为重要的工作内容。好的指标体系能够监控业务变化。当业务出现问题时，数据分析师通过指标体系进行问题回溯和下钻就能够准确地定位到问题，反馈给业务方让其解决相应的问题。这就是指标体系存在的意义和数据分析师的价值所在。如何才能建设一套能够实时监控业务变化且能迅速

定位业务问题的指标体系呢？本节会详细讲解用三个步骤、四个模型构建指标体系的方法。

6.2.1 构建数据指标体系的方法

数据指标体系构建的方法可以总结为三个步骤，即明确业务目标、理清用户生命周期及行为路径、指标体系分层治理。在这三个步骤中又涉及 OSM（Object Strategy Measure）、AARRR（Acquisition Activation Retention Revenue Referral）、UJM（User Journey Map）、MECE（Mutually Exclusive Collectively Exhaustive）四个模型，这四个模型是指导数据分析师构建完整而清晰的指标体系的方法论。

笔者整合这四个模型，梳理了一套构建数据指标体系的流程，如图 6-5 所示。

图 6-5 数据指标体系构建的流程

6.2.2 用三个步骤、四个模型梳理数据指标体系的方法

1. OSM 模型——明确业务目标，数据赋能业务

数据服务于业务才能赋能业务，数据脱离业务就会失去其价值。

所以，数据分析师在建立数据指标体系之前，一定要清晰地了解业务目标，也就是 OSM 模型中的 O（Object）。换句话说，业务的目标也就是业务的核心 KPI，了解业务的核心 KPI 能够帮助数据分析师快速理清指标体系的方向。

了解业务目标之后，就需要制定相应的行动策略，也就是模型中的 S（Strategy）。把业务的核心 KPI 拆解到产品生命周期（AARRR）或者用户行为路径（UJM）中，在整条链路中分析可以提升核心 KPI 的点，据此制定行动策略。

最后，需要数据分析师制定较细的评估指标，也就是模型中的 M（Measure）。评估指标的制定是将产品链路或者行为路径中的各个核心 KPI 进行下钻细分，这里用到的方法就是麦肯锡著名的 MECE 模型，需保证每个细分指标是完全独立且相互穷尽的。

OSM 模型的内容及其与 AARRR、UJM、MECE 模型之间的关系如图 6-6 所示，OSM 模型是指标体系建设的指导思想，理解核心 KPI 是 OSM 模型的核心；制定行动策略是实现业务 KPI 的手段，而 AARRR 模型和 UJM 模型是实现策略制定的方法论；制定细分指标是评估业务策略优劣的方法，而 MECE 模型是制定细分指标的方法。

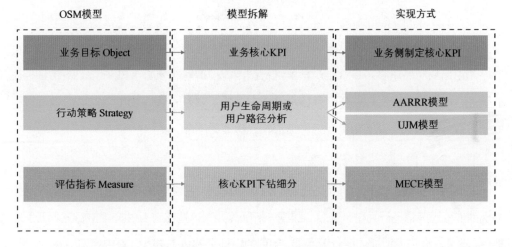

图 6-6　OSM 模型的内容及其与 AARRR 模型、UJM 模型、MECE 模型之间的关系

2. AARRR 模型和 UJM 模型——理清用户生命周期及行为路径

前面提到，AARRR 模型和 UJM 模型是实现策略制定的方法论。下面简单地介绍这两个模型。

AARRR 模型和 UJM 模型都是路径模型，二者原理相似，只是它们出发的角度不一样。AARRR 模型是从产品角度出发的，揭示用户的生命周期；而 UJM 模型是从用户出发的，揭示用户的行为路径。

AARRR 模型基于用户生命周期，简单来说就是获取、激活、留存、付费、推广。对于一款产品来说，首先要从各个渠道获取用户；其次需要激活这些用户并让其留存下来；对于留存下来的用户，要引导其付费及推广产品。

UJM 模型是从用户角度出发的，描述了用户进入产品的整个路径流程，即注册、登录、加购、购买、复购。

AARRR 模型的内容和 UJM 模型的内容及其之间的关系，如图 6-7 所示。

图 6-7　AARRR 模型和 UJM 模型的内容及其之间的关系

　　无论是从产品角度还是从用户角度进行链路流程拆解，核心 KPI 都可以下钻到相应的节点，这样数据分析师就在整条链路流程中拆解了业务的核心 KPI。这样做的好处是，数据分析师可以从更多的角度和维度监控和分析业务问题。

　　3. MECE 模型——指标体系分级治理

　　前面两个步骤，首先明确了业务核心目标；其次，将业务的核心 KPI 下钻到产品生命周期或者用户路径行为中；最后，数据分析师需要对这些核心 KPI 向下进行三到五层的拆解，这个过程称为指标体系分级治理，用到的模型是 MECE 模型，其内容如图 6-8 所示。

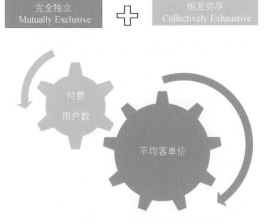

图 6-8　MECE 模型

　　MECE 模型的指导思想是完全独立，相互穷尽，根据这个原则拆分可以暴露业务最本质的问题，帮助数据分析师快速地定位业务问题。

6.2.3　以 GMV 为例搭建数据指标体系

如果领导说，"我们现在做一套 GMV（Gross Merchandise Volume）相关的指标体系，你出一个方案吧！"面对这么大的一个命题，数据分析师就需要对命题进行分解，将其分解成若干个子问题并找到各个子问题之间的联系，做成一套业务监控指标体系。本节给出的案例通过 6.2.2 节提到的三个步骤、四个模型去搭建 GMV 相关的指标体系，其搭建框架如图 6-9 所示。

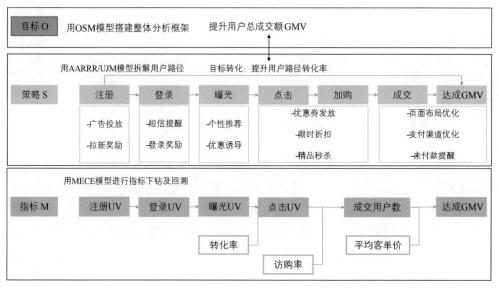

图 6-9　GMV 相关的指标体系搭建框架

第一步，根据 OSM 模型构建整体框架，明确业务目标。

为什么业务方会关注 GMV？因为这是业务的核心 KPI，关系到自己的收入，GMV 越高，年终奖越高。所以，数据分析师提炼出业务目标——提升用户总成交额 GMV。

第二步，根据 AARRR 或 UJM 模型拆解用户达成 GMV 的路径，将业务目标转化为提升用户路径转化率。

用户达成 GMV 需要通过六个步骤，即注册、登录、曝光、点击、加购、成交。到目前为止，已经将提升 GMV 这个目标转化为提升用户路径转化率，只要提升用户各个步骤的基数，使得每一步的转化率变高，就可以达成提高 GMV 的目标。

将提升 GMV 转化为提高用户路径转化率还有另外一个好处，即通过路径拆解能够暴露业务更多的问题。同时，数据分析师可以根据暴露的业务问题提出相应的解决方案，这也是数据分析师的价值所在。

第三步，根据 MECE 模型对 GMV 达成路径的每一个指标进行拆解，实现指标分级治理。

有了 GMV 达成路径之后，数据分析师就可以将这个路径的核心步骤抽象成 GMV 的分级指标并进行回溯下钻。同时，找出影响每一个步骤的关键因素作为二级指标，每一个关键因素之间需要完全独立，相互穷尽。

GMV 公式如式（6.1）所示。

$$\text{GMV}=\text{成交用户数}\times\text{平均客单价} \qquad (6.1)$$

如图 6-10 所示，对 GMV 计算公式进行拆解。

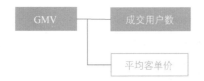

图 6-10　GMV 公式一级拆解

这一步骤实现了核心 KPI 用户总成交额 GMV 公式的一级拆解。

又有用户成交数计算公式，如式（6.2）所示。

$$\text{成交用户数}=\text{点击 UV}\times\text{访购率} \qquad (6.2)$$

将公式（6.2）带入公式（6.1）得到公式（6.3）：

$$\text{GMV}=\text{点击 UV}\times\text{访购率}\times\text{平均客单价} \qquad (6.3)$$

按照公式拆解得到 GMV 的二级拆解指标，如图 6-11 所示。

图 6-11　GMV 公式二级拆解

又有点击 UV 公式，记为公式（6.4）：

$$点击 UV = 曝光 UV × 转化率 \tag{6.4}$$

将公式（6.4）代入公式（6.3）得到：

$$GMV = 曝光 UV × 转化率 × 访购率 × 平均客单价$$

按照公式拆解得到 GMV 的三级拆解指标，如图 6-12 所示。

图 6-12　GMV 公式三级拆解

到此为止，数据分析师已经将核心 KPI 商品总成交额 GMV 进行三级回溯拆解，形成了分级治理的指标体系。但到这里并没有结束，像曝光 UV 等指标还可以继续向下拆解，例如，谷歌渠道曝光 UV、华为渠道曝光 UV 等，可以根据具体的工作场景进行适当的调整和向下拆解。

两个值得注意的问题

问题 1：将指标拆这么细有什么用？

正向作用：分解核心 KPI，明确每一步骤的行动目标和每个行动的考核指标。

例如，当需要估算明年的 GMV 时，就可以根据历史数据运用这套指标体系对明年的 GMV 进行估算。

又如，领导让你下个月将 GMV 做到 1 亿元，并出个方案。这时就可以再对曝光 UV 进行细分，把 GMV 拆解到每一个渠道上去。

反向作用：当业务出现问题时，可以通过指标体系反向排查业务问题。

例如，这个月的 GMV 下降了 10%，领导让你排查问题出在哪里。这时候就可以根据这套指标体系逐一排查问题，定位到出现问题的步骤、环节，并提出相应的解决策略。

问题 2：在运用 MECE 模型进行指标体系分级治理时，是不是拆得越细越好、越全越好？

当然不是，在用 MECE 模型拆解指标时，需要找到与核心指标有重要关联的子集进行拆解分类，这样才能保证指标体系能够指导业务方进行决策分析，帮助数据分析师定位业务问题。

6.3 如何搭建一套通用的指标体系并快速落地应用

前面几节以中国人口数据为例介绍了什么是指标体系、指标体系的意义，同时总结了一套用三个步骤、四个模型搭建指标体系的方法论。本节将介绍多部门如何配合实现数据指标体系的构建，同时介绍如何用前面讲的方法论快速搭建一套通用的数据指标体系。

6.3.1 多部门配合搭建数据指标体系的流程

搭建一套数据指标体系是一个多部门协作的工作，涉及运营、产品、数据及程序，数据分析师在其中起着核心作用，从开始到结束都离不开数据分析师。其构建流程如图 6-13 所示。

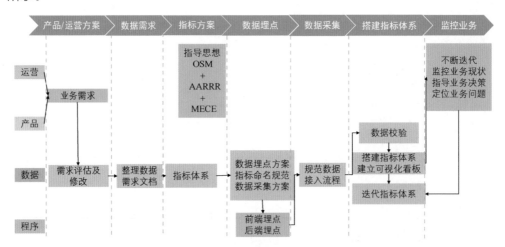

图 6-13　多部门配合搭建数据指标体系的流程

完整的指标体系搭建流程有以下 7 个步骤：

（1）需求收集：产品（策划）经理或者运营人员完成产品原型（策划案）或者运营方案，数据分析师根据原型（策划案）或者运营方案提炼数据需求，评估需求可行性并和需求方讨论，修改不合理需求。

（2）需求汇总及排期：数据分析师将数据需求整理成文档并根据优先级对需求进行

排期。

（3）确定指标体系方案：数据分析师以 OSM 模型、AARRR 模型、UJM 模型、MECE 模型作为指导思想，初步确定指标体系建设方案。

（4）确定数据埋点方案：数据分析师根据初步的指标体系建设方案设计埋点方案，同时给出字段命名规范及数据采集方案。然后，数据分析师将上述方案给到前后端进行埋点。

（5）数据采集：在数据采集阶段，数据工程师需要将前后端埋点数据送入数据仓库并进行数据清洗。

（6）搭建指标体系：在搭建指标体系之前，数据分析师需要对入库的数据进行核验，检查数据是否全，数值是否正确。然后，根据指标体系建设方案进行指标体系搭建及落地。

（7）效果评估：指标体系落地，用于监控业务现状，指导业务决策，定位业务问题，在业务方的不断反馈中逐渐完善整套指标体系。

6.3.2 搭建通用的指标体系

做好需求收集、汇总、反馈、修改，完成数据埋点。数据采集之后，就到了数据分析师大展身手的阶段了。但是，每个行业都有自己特有的属性，想要搭建一套通用的指标体系并不很容易。这里笔者以互联网产品的生命周期为切入点，介绍一套可以适用于绝大多数互联网产品的指标体系的构建流程。

搭建指标体系，还是用 6.2 节介绍的三个步骤、四个模型来展开，具体流程如图 6-14 所示。

首先，根据 OSM 模型搭建整体的指标体系框架，明确业务目标，确定数据维度；其次，根据 AARRR、UJM 模型拆解用户路径并将业务目标分解到路径的每一个环节；最后，将业务目标指标化，并将这些指标通过 MECE 模型进行逐级拆解，实现指标体系分级治理。

1. 用 OSM 模型确定业务目标和数据维度

首先，数据分析师需要明确业务目标。

对于任何一款互联网产品，其终极目的就是盈利。所以，通用指标体系的业务目标就是提高产品的付费率。

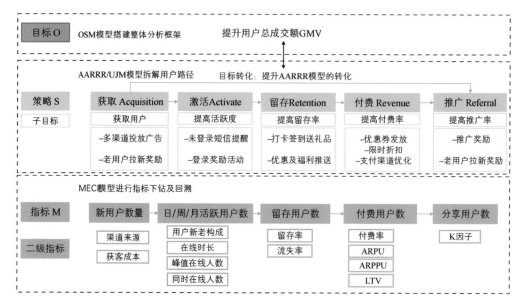

图 6-14　通用指标体系的构建流程

其次，数据分析师要统一数据统计的维度。

不同统计维度下的数据值大不相同，所以确定好指标体系中的数据维度至关重要。只有保证指标体系维度统一，不同阶段的数据才有可比性。

搭建指标体系可以从很多维度出发，常见维度有"人""货""场"。在这套通用指标体系的搭建中，笔者选择的数据维度是"人"。

2. 用 AARRR/UJM 模型实现路径拆解，分解业务目标

确定了业务目标为提升用户付费率之后，根据 AARRR 模型实现路径拆解，将提升付费率这个目标拆解到每一个子路径上，只要提升每一步骤的用户基数及其转化率，最终就能提升用户付费率，如图 6-15 所示。换句话说，业务目标被转化为提升从用户获取到用户付费这一过程的转化率。

3. 用 MECE 模型实现指标体系分级治理

根据 AARRR 模型拆解用户路径之后，数据分析师需要将分解后的子目标提炼成数据指标并根据 MECE 原则使数据指标之间完全独立、相互穷尽。

首先，进行一级指标的提炼。

一级指标是用户路径的每一个步骤中业务最关注的指标，也就是业务核心 KPI。这个提炼过程需要和业务方进行沟通，也需要数据分析师的业务直觉和数据思维。经过一番提炼，得到如下的一级指标，如图 6-16 所示。

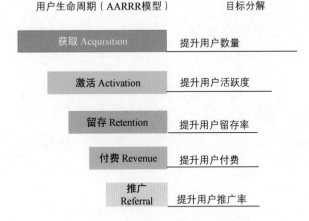

图 6-15　AARRR 模型分解业务目标

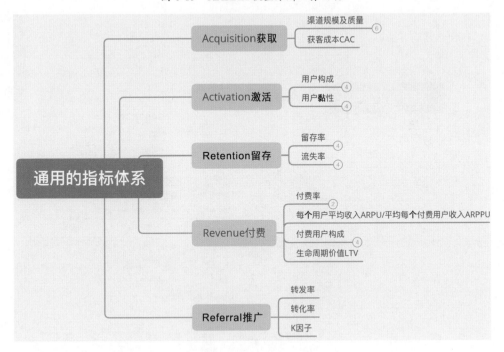

图 6-16　通用的一级指标

其次，拆解一级指标得到二级指标和三级指标。

一级指标能够监控业务现状，发现业务问题，如果一级指标一直保持平稳上升的趋势，就说明业务一直向好。但一级指标如果出现下跌的情况，就需要向下排查问题所在。这时就该二级指标甚至三级指标登场了。二级指标是一级指标的子集，是一级指标完全穷尽且相互独立的影响因素，最终拆解完成的指标体系如图 6-17 所示。

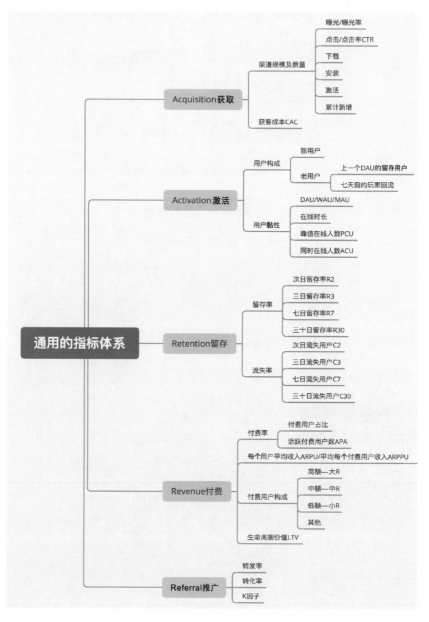

WAU—周活跃用户数量；MAU—月活跃用户数量

图 6-17　通用指标体系

学会这套指标体系的搭建方法，在面对复杂业务场景时就可按照用户路径或产品生命周期对指标进行拆分，提炼核心 KPI 作为一级指标，根据相关关系及因果关系拆解核心 KPI 指标，使得二级指标甚至三级指标完全穷尽、相互独立。

6.4　定位异动因素

对于某一块业务来说，建立完数据指标体系，整体的业务就得到监控。当数据发生异动时，通过数据指标体系拆解，能够快速定位问题。本节的重点有三个：第一，理解数据异动背后的业务意义，这是最重要的；第二，出现数据异动后，应该如何快速定位问题；第三，从数据埋点到数据指标体系再到数据异动分析的闭环思维体系。

6.4.1　数据波动多少才能称为数据异动

数据波动多大才能称为数据异动？这是一个令数据分析师很头疼的问题。有时候 DAU 下降 2%，运营人员就非要让数据分析师排查是不是数据错了；但有的时候某些指标下降 30%，运营人员仍不着急。

其实运营人员在意的并不是波动，而是指标背后代表的含义。所以，分析指标异动的第一步是搞清楚指标异动背后的业务含义，脱离业务含义的分析没有任何意义！

6.4.2　数据波动分析的方法论

首先，用 MECE 模型对数据波动进行一个分类，尽可能地列举数据波动的所有类别，并且使得各个类别之间彼此独立。最终将数据波动划分为 5 个类别，如图 6-18 所示，分别是数据的周期性波动、业务内部因素引起的数据波动、外部因素引起的数据波动、数据传输问题引起的数据波动及意外因素引起的数据波动。下面具体介绍每一种类型的数据波动，而对于意外因素引起的数据波动则会通过逻辑树的拆解方法定位到该影响因素。

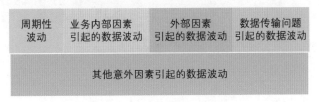

图 6-18　数据波动的分类

6.4.2.1 数据波动分析的四排除

对于前四类数据波动来说，并不需要使用逻辑树的拆解方法定位异动因素。所以在进行逻辑树拆解之前，先要排除前四种数据波动。否则，可能通过逻辑树拆解却一无所获，最后发现是数据传输问题造成的。

1. 排除数据周期性波动

数据的周期性波动是一种自然形态的波动。例如，对于一款游戏来说，周末、节假日的 DAU 肯定比工作日要高；如果看小时数据的话，每天 12：00 ~ 14：00 及 20：00 以后的数据会比其他时间段的高。

又如，公众号文章的阅读量周内普遍高于周末。

当遇到一个数据异动排查的问题，首先需要确定这个问题是不是周期性波动的问题，如果是，告诉业务方这是周期性的变化即可。

下面举个例子来说明，一个运营"小白"跟你说："这两天 DAU 下降得有点多啊！是不是你们的数据有问题啊，帮忙排查下呗！"

如图 6-19 所示，单看两天的 DAU 数据，DAU 直线下降了 35.98%，确实下降得很快。这时候，先不着急去排查问题，先看下这个波动是不是周期性变化引起的。接着，你发现 1 月 10 日是周末，1 月 11 日是工作日，周末和工作日的 DAU 肯定会有很大差异，这应该是由周期性变化引起的。于是你拉取了两周的 DAU 数据给运营人员，他会立刻明白自己的认识偏差。

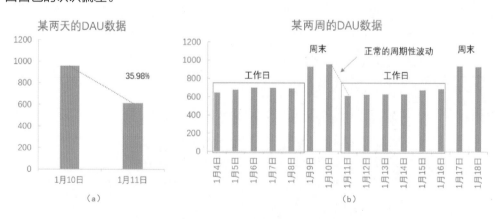

图 6-19 数据的周期性波动

总结一下，排查数据异动的第一步是，先确定数据的波动是否是周期性波动引起的，因为周期性波动属于正常的波动。对于不同的业务，周期性波动可能会受到季节、节假日、周末等因素的影响，需视具体的业务情况而定。

2. 排除内部因素的影响

通常情况下，内部影响来源于业务活动。例如，运营人员经常组织的拉新、促活、促销等活动通常会造成某一段时间内的活跃用户数、销售额等指标高于平时。

举个简单的例子来说，如图 6-20（a）所示，在某段时间内业务方推出了登录奖励活动，该段时间的 DAU 增长了 35%左右，但是活动结束之后 DAU 又回到了正常水平。这类由业务方内部主动行为造成的数据波动也属于正常波动。

面对这种情况，数据分析师可以更进一步地帮助业务方分析活动效果，从数据的角度找出有哪些点是可以提升的，如果数据分析师能给出一些意见或建议，就更好了。这样的数据分析才是有价值的，最终是能够帮助业务方的。

3. 排除外部因素的影响

除了业务方主动行为造成的数据波动，还会有一些外部因素造成的数据波动。例如，天气、政策、竞争对手等外部因素的影响，数据分析师也无能为力。这里也举个例子进行说明，如图 6-21 所示，比如某款竞品在国外被禁了，公司产品作为替代品，其 DAU 瞬间暴涨。这就是政策因素带来的利好情况，虽然现实中大部分情况是负面的。

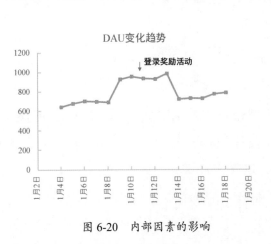

图 6-20　内部因素的影响　　　　图 6-21　外部因素的影响

所以对于这些不可控的外部因素的影响，特别是负面的影响，数据分析师可以评估其影响范围和影响周期，反馈给业务方以帮助其决策。

4. 排除数据传输问题

周期性波动、业务方内部主动行为造成的数据波动及外部政策造成的数据波动是正常的数据波动。数据波动还可能受到数据传输的影响，数据传输出现问题会造成数据缺失，进而造成数据波动。

所以面对数据波动问题，当数据分析师排除数据周期性波动、内部因素影响及外部因素影响之后，接下来就需要确定是否是因数据传输问题而造成数据波动。

排查数据传输问题引起的数据波动可以根据数据传输的流程，逐个环节进行排查，定位到有问题的环节，找到相应的负责人修复问题。数据传输问题的排查流程如图 6-22 所示。

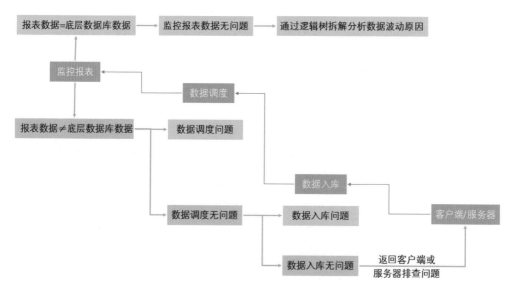

图 6-22　数据传输问题的排查流程

对于数据传输问题，数据分析师需要先排查报表的数据是否能和底层数据库的数据对上。如果能够对上，就说明监控报表的数据是没有问题的，是业务本身出现了波动。这个波动的影响因素到底是什么，就需要通过逻辑树的方法进一步地分析了。

如果报表的数据和底层数据库的数据对不上，就需要根据数据传输流程回溯每一个关键节点去找到真正出问题的环节，可能是数据调度的问题，也可能是数据入库的问题，还可能是客户端/服务器等数据记录的问题。

6.4.2.2　通过逻辑树确定数据波动影响因素

如果数据的波动不是自然波动，也不是内部主动行为或外部因素引起的，更不是数据传输问题造成的，而是由一些意外却不可知的因素造成的，这时候就需要通过逻辑树的方式查找到底是什么原因造成数据的波动。

还是以 DAU 波动为例进行说明，假设某天某个产品的 DAU 发生异常波动，业务方希望你能帮忙找到异动原因，你就可以按照图 6-23 所示的流程进行操作。

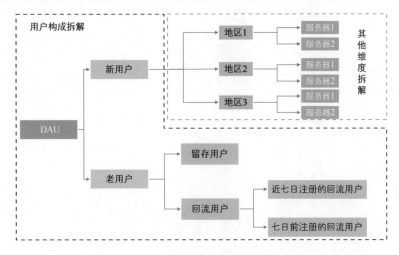

图 6-23　逻辑树排查数据异动原因

首先，数据分析师需要对 DAU 进行拆解，根据用户构成可以将 DAU 拆解为新用户和老用户；老用户又可以拆分为留存用户和回流用户；回流用户又可以继续拆分为近七日注册的回流用户和七天前注册的回流用户。通过这样的拆分，可以看出到底是新用户少了还是老用户少了，明确问题后继续向下拆分确定最细颗粒度的影响因素。

数据分析师也可以对新用户进行其他维度的拆分，可以按地区进行拆分，看看到底是哪个地区的新用户减少造成的，如果是整体用户减少造成的，那可能是产品本身存在一定问题，和新用户的匹配性不是很好；如果是某个地区的用户减少，则可以继续拆解维度，可以考虑以服务器为维度进行拆分，因为某个地区的用户骤减可能是该地区服务器坏了，这是思考角度之一；还可能是产品在当地的本地化做得不够好，对于某个地区的用户群体没有足够的吸引力。

利用逻辑树的拆解方法能够快速地确定数据异动的原因，帮助业务方进行方案调整和辅助决策！

6.4.3 从数据埋点到指标体系再到指标异动的闭环

通过逻辑树拆解的这些数据指标大部分已经包含在 6.3 节建立的指标体系中，数据分析师只需要按照上述的拆解思路筛选出自己想要的数据指标和维度的组合，查看数据变化、确定异动因素即可。当然，有时候排查出来的问题可能没有体现在指标体系中，这时候就可以将相应的指标和监控维度添加到对应的指标体系中，方便日常的业务监控和数据问题的排查。由此，数据分析师的业务基础知识体系基本形成一个闭环，如图 6-24 所示。

图 6-24　数据分析师业务知识体系闭环

数据埋点是数据指标体系构建的基础，通过埋点能获取大量的用户行为数据；有了用户行为数据，可以提炼出数据指标和监控维度，实现对业务变化趋势的实时监控；当业务出现数据异动时，可以通过指标体系中的不同维度的组合排查影响到业务、产生数据异动的具体因素。

从数据埋点到数据指标体系的构建再到数据异动分析，三位一体监控业务变化，形成一个闭环。

3 第3篇
数据分析方法论

前面的几章从数据来源谈起，引申到通过数据处理实现数据标签体系建设，以及通过数据指标体系监控业务发展。完成数据指标体系构建之后，接下来的工作就是基于业务进行相应的数据分析。了解数据分析常用的方法论是进行数据分析的前提和基础。在数据分析过程中常用的思维方式有：对比思维、分群思维、相关思维。本篇会立足于数据分析方法论，介绍这三种思维方式。

第 7 章　对比思维

本章会立足于对比思维，介绍各类对比方法；在对比方法中，A/B 试验是一种较为典型的方法，它通过线上试验对比在相同干预条件下对照组和试验组之间的差异，从而得出结论。本章重点介绍 A/B 试验，会着重从 A/B 试验的设计、统计学原理出发详细介绍每一个环节的操作流程，还会利用公开数据集介绍 A/B 试验相关的分析流程。

7.1　利用对比分析得出结论

对比分析是数据分析中常用的分析方法之一。没有对比就不能说明问题，这也是对比分析在数据分析领域经久不衰的原因之一。对比分析是将两个或两个以上具有可比性的数据进行比较，分析其中差异，以揭示事物发展规律。

7.1.1　对比分析的作用

其实每个人在很小的时候就接触到对比分析，还记得小时候自己的成绩总会被爸妈与邻居家小孩的成绩做比较，自己当年的成绩也会被爸妈与往年的成绩做比较，以分析学习到底是进步了还是退步了。这可能是最贴近我们生活的对比分析。

没有对比就不能说明问题。举个例子来说，2020财年淘宝天猫达成GMV6.589万亿元[①]，如果没有对比，GMV只是一个数据而已，运营人员并不知道这个数据代表的业务状况到底如何，业务是增长了呢，还是衰退了呢？如果对比前三财年的GMV，我们会发现2020财年的GMV是增长的，这三年业务是稳定上升的。这就是对比分析在数据分析中的作用，没有对比就不能得到数据结论！

7.1.2　确定对比的对象

确定对比的对象是数据分析的第一步。对比的对象可以是自己，也可以是行业。如果是和自己比，可以通过某段时间的业务平均值、中位数等统计指标来衡量业务的整体大小；也可以通过变异系数来衡量业务整体的波动；还可以使用同比、环比等指标来衡量业务的变化趋势。如果是和行业比较，可以通过行业趋势与业务发展趋势进行对比，以判断业务发展是否健康；当然也可以和行业标准进行对比，以确定业务发展是否达到行业标准，进而调整业务发展方向和策略。

7.1.3　如何对比

确定了对比对象之后，需要确定如何对比。对比分析的用途有以下三种：衡量数据整体大小、衡量数据整体波动、衡量数据变化趋势。面对不同的场景，对比分析选择的维度和指标也不尽相同，如图7-1所示。

[①] 许心文. 阿里最新财报：淘宝天猫年GMV增长8620亿，MAU达8.46亿接近京东拼多多之和[EB/OL]. (2020-05-22)

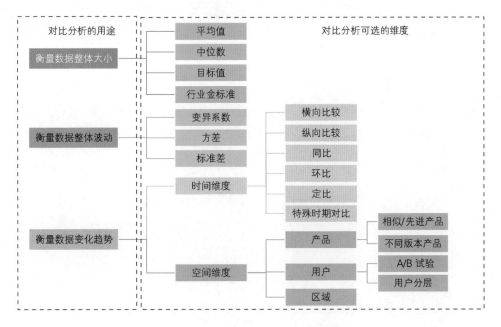

图 7-1　对比分析的用途及可选的维度

1. 衡量数据整体大小

如图 7-2 所示，对于数据整体大小的衡量，可以将业务数据与某段时期内的平均值、中位数、目标值做比对，也可以和行业标准做对比。

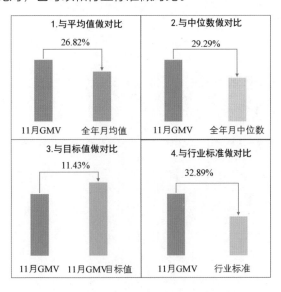

图 7-2　用对比分析衡量数据整体大小

11 月是电商大促活动月，11 月的 GMV 高于全年月均值、全年月中位数是必然的结果。这时候就可以和当初定下来的目标值进行比较，看今年的大促活动是否达到预定目标，若没有达到，则可以继续分析到底是哪个区域、哪个品类、哪个环节存在问题，以积累经验，在下次大促时避免类似情况发生。当然，也不能随随便便就否定自己的成绩，可以将 11 月 GMV 和行业标准做对比，高于行业标准说明这次大促活动的业绩还是高于行业水平的，有值得肯定的地方。

2. 衡量数据整体波动

6.4 节笔者已经介绍过数据的波动类型，其可以分为周期性波动、业务内部因素引起的数据波动、外部因素引起的数据波动、数据传输问题引起的数据波动以及其他意外因素引起的数据波动。

数据周期性波动、内部因素和外部因素引起的数据波动属于正常波动，对于这三类波动的衡量，可以用不同时期内的变异系数、方差、标准差等进行对比。关于各个指标如何计算，这里就不再赘述。

3. 衡量数据变化趋势

对于数据变化趋势的衡量，可以考虑从时间和空间两个维度展开，从时间维度可以考虑横向比较、纵向比较、同比、环比、定比等，从空间维度可以考虑从产品、用户、区域等多个层面进行对比分析。

1）时间维度

如图 7-3 所示，从时间维度上讲，可以通过横向比较、纵向比较、同比、环比、定比及特殊时期对比说明结论。

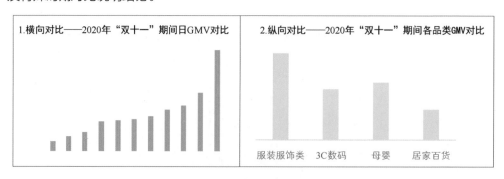

图 7-3 时间维度的对比分析方法分类

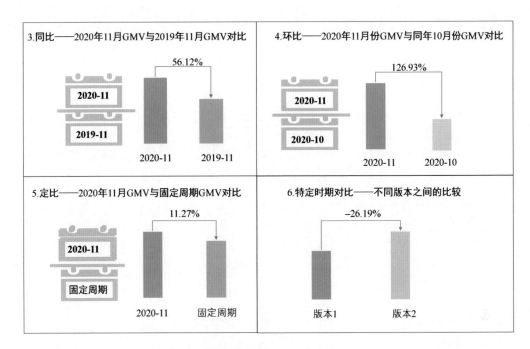

图 7-3 时间维度的对比分析方法分类（续）

横向对比是相同周期不同阶段的比较，可以是日、月、季、年的同比、环比等。例如，对比"双十一"大促期间的日 GMV 就是横向对比。

纵向对比是相同周期内不同区域、不同类目、不同商家、不同客户群体的比较。例如，对比各品类"双十一"期间的成交额就是纵向对比。

同比用于观察长期的数据，是将本期数据与上一年同期数据进行比较。通常情况下，在数据分析中会用同比增长率衡量业务趋势，其计算公式如式（7.1）所示：

$$同比增长率 = \frac{(本期数据 - 上年同期数据)}{上年同期数据} \times 100\% \qquad （7.1）$$

例如，2020 年 11 月的 GMV 与 2019 年 11 月的 GMV 相比增长了 56.12%，同比增长率为 56.12%。

环比用于观察短期数据，是将当前周期数据与上一周期数据进行比较，可以是本月数据与上月数据的对比、本周数据与上周数据的对比、当年 11 月数据与当年 10 月数据的对比。同样地，环比增长率是较为常用的评价指标。其计算公式如式（7.2）所示：

$$环比增长率 = \frac{(本期数据 - 上一周期数据)}{上一周期数据} \times 100\% \qquad （7.2）$$

例如，2020 年 11 月的 GMV 与 10 月的 GMV 的对比就称为环比，其增长率就称为环比增长率。

定比是将当前周期数据与固定周期数据进行比较。定比增长率的计算方式与同比增长率、环比增长率相似，其计算公式如式（7.3）所示：

$$定比增长率 = \frac{（本期数据-固定期数据）}{固定期数据} \times 100\% \qquad (7.3)$$

特定时期的对比也是非常重要的对比方法，这种方法在实际的数据分析中更为常用，可以是不同版本之间的比较，以量化版本变更带来的实际效益；也可以是活动前后的比较，以量化活动开展是否达到了预设目标；还可以是广告投放前后用户留存率的比较，以评判用户质量。

2）空间维度

如图 7-4 所示，在空间维度进行对比，可以考虑从产品、用户、地区等维度展开分析。对于产品来说，可以考虑具有可比性的同类产品的比较，还可以将同一个产品的不同版本的数据进行比较；对于地区来说，可以对比同一指标在不同地区的表现；对于用户来说，可以对比不同层级的用户，也可以将同类型的用户分为两组进行 A/B 试验。

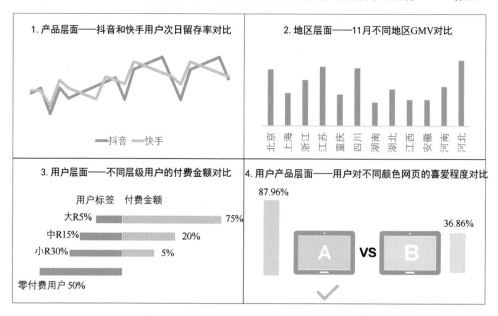

图 7-4 空间维度的对比分析方法分类

（1）在产品层面，可以通过与相似产品进行对比以分析次日留存率是否正常。例如，可以对比抖音和快手用户的次日留存率，发现快手用户的次日留存率略高于抖音，这时抖音可以推出某些促活活动，从而提高次日留存率。

（2）在地区层面，可以将关键指标拆分到不同的地区，然后分析该指标在不同地区的表现。例如，可以将 11 月份的 GMV 拆分到各个地区，分析各个地区对于 GMV 的贡献，找出可提升 GMV 的方案。

（3）在用户层面，可以将用户分组，对比不同组别用户在某一指标下的差异；也可以选定一个用户群体，比较该用户群体在不同日的留存率表现，即同期群分析。例如，根据用户的付费信息将用户分为高付费用户、中等付费用户、低付费用户及零付费用户，对比各个组别的付费率。

（4）用户和产品交叉分析也是常用的分析思路，通常来说就是 A/B 试验，比如选定某一群体的用户，将其分为两组，分别给他们展示不同颜色的网页，对比其点击率，以评判哪种颜色的网页更受欢迎。

7.1.4 对比分析的可比性原则

对比分析需要坚持可比性原则，即对比对象相似，对比指标同质。

（1）坚持对比对象相似的原则，就是说对比的对象要是同类型的，属于同一领域，例如，抖音和快手相比，淘宝和拼多多相比。如果将淘宝的 GMV 与 B 站的 GMV 相比，可能就不太合适！

（2）坚持对比指标同质的原则，包括指标口径相同、指标计算方式一样和指标计量单位一致。例如，数据分析师不能用抖音 2020 年的平均用户留存率与快手 2019 年的平均用户留存率相比，因为指标口径不同；同样地，数据分析师也不能用 2020 年抖音的用户留存率与流失率进行比较，因为指标计算方式不一致；另外，指标的单位也是容易忽略的点，淘宝 1 月的 GMV 是 1.98 亿元，2 月的 GMV 是 23800 万元，1.98 和 23800 之间没有可比性，只有统一了单位之后，这两个月的 GMV 才具有可比性。

对比分析是数据分析中较为重要的分析方法。作为数据分析师，要做的不仅是对比，更重要的是分析和追踪，将分析结果落地，让数据产生价值，让分析产生价值。

对比分析用途广泛，涵盖了很多其他分析方法，如漏斗分析、同期群分析及 A/B 试验等，这些方法的具体应用会在后续章节讲解。

7.2　A/B 试验设计及容易忽略的误区

A/B 试验是数据分析师较为常用的对比分析方法，数据分析师掌握了 A/B 试验，可以解决工作中大部分选择最优方案的问题。这一节将会介绍 A/B 试验相关的知识点，包括什么是 A/B 试验，A/B 试验能解决什么问题，A/B 试验的流程以及 A/B 试验的常见误区。

7.2.1　什么是 A/B 试验

A/B 试验可以通过控制变量对比同一 App 不同版本的打开率、对比相同网页不同颜色的按钮的点击率。从本质上来讲，A/B 试验属于试验范畴，通过对用户进行随机分组，根据单一变量的原则为每一组用户分配一个试验方案，在相同的时间维度观察用户的反应以确定最佳方案。

以网页皮肤优化为例，原方案 A 中网页颜色为绿色，调整后的方案 B 网页颜色为黄色，如图 7-5 所示。为了确定用户对网页颜色的偏好，数据分析师设计了 A/B 试验，将特征相似的用户随机分成 A、B 两组，让其分别打开不同颜色的网页，观察两组用户的网页点击率。最终结果显示，A 组网页点击率为 39.13%，而 B 组网页点击率只有 36.86%，那么是否可以直接判定用户更喜爱绿色的网页呢？这个问题留给大家思考，后面会具体说明。

图 7-5　网页皮肤优化 A/B 试验

7.2.2　A/B 试验能解决什么问题

A/B 试验之所以能在数据分析领域得到广泛应用，是因为它能够解决大多数关于选择的问题，通过 A/B 试验选择出来的方案大部分情况下会使得投入产出比最大化。总之，A/B 试验可以辅助业务方选出最优方案并且在现有流量中获得更高的投入产出比。

1.　评估方案优劣，选择最优方案

A/B 试验的主要目的之一是判断两个方案中哪个更好，以辅助运营人员选择最优方案，达到最好的效果。以网页皮肤选择为例，通过 A/B 试验确定用户对网页皮肤的偏好，以提升用户点击率，降低用户跳出率。

2.　计算 ROI，提升收益

通过 A/B 试验选择最优方案的终极目的还是提升收益、量化收益，计算投入产出比（ROI）也是数据分析师需要掌握的技能。对于不同的方案而言，成本都是可以直接计算出来的；而对于收益，则需要计算试验组与对照组收益的差值。

7.2.3　A/B 试验的流程

知道了什么是 A/B 试验及其作用后，下面一起来学习 A/B 试验的完整流程。以用户对网页皮肤的偏好选择为例进行说明，A/B 试验的实施流程可以归纳为以下 7 个步骤，如图 7-6 所示。

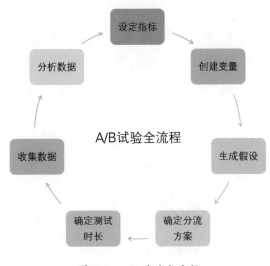

图 7-6　A/B 试验全流程

1.　设定指标

进行 A/B 试验的第一步是确定比较指标，选取哪些指标进行对比需要根据试验的目的来决定。A/B 试验中的指标可以分为三类，即核心指标、辅助指标和反向指标，在进行 A/B 试验时建议同时选择三类指标作为试验指标。

通过 A/B 试验确定用户对网页皮肤的偏好，就可以选择点击率作为比较的核心指标。为了排除同一个用户多次点击造成的统计偏差，这里将点击率的统计口径定为去重的点击人数与去重的页面访问人数的比值。

除核心指标外，也需要一些辅助指标和反向指标。辅助指标可以根据用户行为漏斗进行设定；也可以选择重要的下游指标，如平均点击次数、下单成功率、复购率等；反向指标是可能对产品产生负面影响的指标，如回跳率、退货率、回撤率、应用删除率等。

2. 创建变量

选定指标之后，就需要进行变量的创建，即对网页的元素进行更改，将之前绿色的皮肤改为黄色的皮肤。这部分工作由前端配合完成。

3. 生成假设

有了变量之后，可以基于经验对试验结果做出假设。例如，可以假设用户更喜欢改版后的网页。

4. 确定分流（抽样）方案

如何分配流量、分配多少流量关系到 A/B 试验的成败，尽量选择同质性较高的用户，也就是各个维度特征较为相似的用户进行测试，同时需要确定分流比例和其他分流细节。

国内外很多开源网站都提供了 A/B 试验样本量计算器，evanmiller 是其中的一种。如图 7-7 所示，只需输入目前大盘基准值、预期试验提升效果、置信度及功效等参数，即可计算出试验所需的样本值。目前大盘的基准值为 41.68%，预期能够提升的比率为 0.2%。如果估计不准，为了保证试验能够得到结果，此处可低估，不可高估，也就是 0.2% 是预期能够提升的最小值。在 95% 的置信度、80% 的功效下每一组所需的最小样本量为 95.4138×10^4。

如果预期的指标是与均值相关的指标，如人均时长、人均付费等指标，估算样本量可能会稍微复杂。这时候需要运用 t 检验反算样本量，但同样可以使用各类开源的网页工具进行计算，如字节跳动的 DataTester、腾讯的 A/B 试验平台及百度的峙一平台。

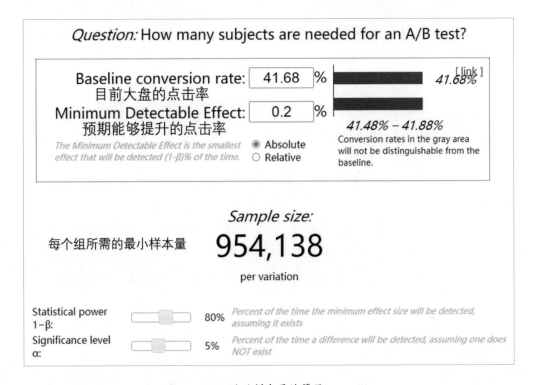

图 7-7　A/B 试验样本量计算器 evanmiller

5. 确定试验时长

试验时长也是 A/B 试验的重要环节，即这个 A/B 试验要持续多久。试验时长不宜过短，否则参与试验的用户几乎都是活跃用户。试验时间的长短和所需样本量是密切相关的，步骤 4 中已经估算了所需样本量，因此问题转化成要达到 95.4138 万个试验样本需要多少天。目前平台每天能为这个 A/B 试验项目分配 10 万 MB 的流量，要达到 95.4138 万个样本则至少需要 10 天，这样一来试验时长基本确定。

6. 收集数据

上面的准备步骤做完之后，就可以针对指定区域的假设，收集相对应的数据用于 A/B 试验分析了。

7. 分析数据

最后就是基于统计学基础理论，分析数据结果，判断两个版本之间是否存在统计学上的显著性差异。统计学分析也可以借助 evanmiller 进行，如图 7-8 所示。

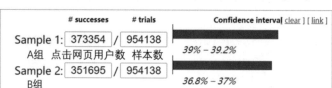

图 7-8　借助 evanmiller 判断差异显著性

统计结果显示，在 95%的置信度下，A 组的点击率高于 B 组，所以得出结论，用户更喜欢原来的网页皮肤。

7.2.4 A/B 试验常见的误区

A/B 试验是数据分析中探究因果关系最有效的方法，但是在具体实施中会遇到各种各样的误区。忽视统计学意义是 A/B 试验常见的误区之一，包括忽视假设检验、显著性水平及统计功效；由于新奇效应的存在，试验时长的选择也需要注意；A/B 试验的核心是用户分群试验，对于用户的选择以偏概全，只选择高频用户也是常见的误区之一；辛普森悖论也是 A/B 试验中常见的现象，即在试验过程中流量分割比例改变，从而造成结果错误；多个试验同时进行时，如何设计 A/B 试验也会存在一定的误区。

本节会详细介绍 A/B 试验过程中可能遇到的误区及解决方法，了解这些误区并且在实际工作中尽可能避免这些误区，才会让 A/B 试验更好地指导产品优化。

1. 忽略统计学意义

再回到本章开头网页皮肤优化的例子，A 组的点击率是 39.13%，B 组的点击率仅为36.86%，是否可以直接说 A 组的效果优于 B 组，用户更喜欢 A 组的皮肤颜色呢？事实上，不能直接得出这个结论，因为缺少了关键的步骤——假设检验。假设检验的目的之一是排除运气、抽样误差等随机因素对于试验结果的误判，即通常所说的 I 类错误；目的之二是排除由于漏报对于试验结果的影响，即 II 类错误。为了避免 I 类错误、II 类错误带来的误判和漏报，需要对试验结果进行严格的假设检验，类似于留存率、渗透率等率值相关指标可以采用 Z 检验或卡方检验（非正态情况下），而人均时长、用户购买量等指标可以使用 t 检验。A/B 试验中涉及的统计学知识会在后面的章节中详细讲解。

2. 忽略新奇效应对于试验的影响

新奇效应也是 A/B 试验中常见的误区之一，思考以下两个问题。试验所需的样本量决定了试验的时间长短，为了尽快得出结论是否可以分配较大流量使得试验尽快收集到所需样本量？或者按照正常的流量分配，达到样本量之后立即停止试验？

答案是否定的，面对以上两种情况需要考虑是否因为新奇效应的存在给结果带来了一定的影响。在统计学上，新奇效应也称为均值回归，即随着试验次数的增加，结果往往趋近于均值。如图 7-9 所示，在 A/B 试验中，试验早期用户可能会因为新的改动而产生好奇，从而带来点击率的提升，但是随着试验时间的增加，这个点击率会趋近于用户的真实点击水平。因此，数据分析师需要等到观测指标平稳之后才能停止试验，以避免新奇效应对于试验结果的影响。

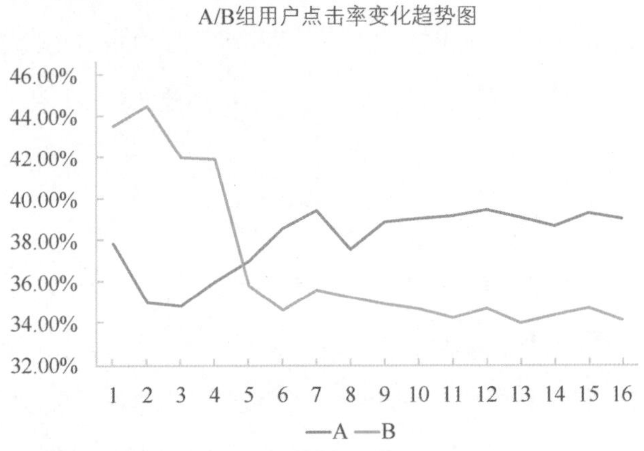

A/B 组用户点击率变化趋势图

图 7-9　新奇效应对于 A/B 试验的影响

如果分配较大流量在短时间内收集够样本，除存在新奇效应外，还可能受到周内效应的影响，即用户在周内、周末的行为习惯不一致造成试验误差；另外，还有可能存在以偏概全的问题，这个问题会在下一节详细介绍。

3. 以偏概全——试验周期没有覆盖产品高低频用户

在流量分配的时候需要保证对照组和试验组的用户具有同时性、同质性、均匀性和唯一性。换句话说就是需要将用户属性相近的用户同时分配到 A 组或 B 组中且同时进行试验。

即使这样还会遇到一个问题，用户虽然大部分特征是相似的，但其活跃周期可能不尽相同，因此同样可能出现以偏概全的误区。如图 7-10 所示，假设高频用户每天都登录，中频用户每周至少登录一次，而低频用户每个月至少登录一次，如果加大流量分配，3 天完成 A/B 试验显然是不科学的，因为所选的用户只覆盖了高频用户，而忽略了中频和低频用户。

图 7-10　忽略用户活跃周期而导致以偏概全

因此，试验时间的选择应该格外注意，切不可为了尽快获得试验结果而分配大量流量，需要考虑到用户群体的全覆盖，这个可以结合样本量估算以及用户流失周期等进行思考。

4. 随意切割试验流量比例而造成辛普森悖论

辛普森悖论是指在某个条件下的两组数据，分别讨论时都会满足某种性质，可是一旦合并考虑，却可能导致相反的结论。

在 A/B 试验中如果随意切割流量比例也会造成辛普森悖论，某个周五，微软试验人员为试验中的某版本分配了 1%流量，到周六那天，又将流量增加到 50%。

现象：该网站每天有 100 万个访客，虽然在周五和周六这两天，新版本的转化率都高于对照组，但是当汇总数据时，该版本的总体转化率反而降低了，具体数值如表 7-1 所示。

表 7-1　随意切割试验流量比例而造成辛普森悖论

	周五 对照组：试验组=99:1	周六 对照组：试验组=1:1	总　　计
对照组	20000/99000=2.02%	5000/500000=1.00%	25000/1490000=1.68%
试验组	230/10000=2.3%	6000/500000=1.20%	6230/510000=1.20%

随意切割试验流量会使 A/B 试验得到错误的结果，合理的流量切割是试验结论正确

的前提。如果在试验过程中确实需要进行流量的切割，那么切割后的流量必须满足对照组与试验组的流量比例为 1∶1。

5. 设计正交试验，解决多个试验同时进行时流量分配的问题

数据分析师经常会遇到多个活动同时进行 A/B 试验的情况，那么这个时候你会思考一个问题——别人的试验是否会影响到自己正在进行的试验？如果情人节期间开展了一系列的活动，各个活动都在通过 A/B 试验测试活动效果。老板肯定想知道每个活动的效果如何？所有活动的叠加效果又如何？

A/B 试验的正交试验可以解决你的疑问，也可以解决老板的疑问。在设计正交试验时需要严格遵守两个原则，即正交和互斥。

1）正交

流量正交可以让业务关联度小的试验有足够的流量同时进行，实现流量的高可用性。正交一般情况下是对于不同试验层来说的，将上一层的流量随机打散到下一层的试验中，使得用户再进入其他试验时是均匀分布的，而不是集中在某一块区域。

2）互斥

流量互斥可以让关联度较大的试验分开进行，避免相互影响，从而保证结果的可信度。流量互斥一般情况下是对于同一试验层来说的，在同一试验层的几个策略中同一用户只能进入一个试验策略中。很多情况下，活动整体的效果并不等于各个子活动的叠加效果，有时候子活动之间有着相互放大的作用，使得 1+1>2；而有的时候，子活动在本质上是相同的事情，从而使得 1+1<2。

因此，要量化一个活动的整体效果时，就需要一个贯穿所有活动的对照组，在 A/B 试验系统中称为贯穿层。与贯穿层相对应的就是试验层，试验层又可以根据活动需要分为不同的子试验层，如图 7-11 所示。

贯穿层与试验层是互斥的，两者流量之和等于 100% 的全域流量；而对于试验层来说，各个层级的流量是相等的，也就是试验填充层、试验 B1 层、试验 B2 层、试验 B3 层的流量之和与试验层的流量相等，相当于各层的流量都复用试验层的总流量，只是在复用上一层的流量时，遵循了正交的原则，将上一层的流量随机打散到下一层中。

根据以上原则，可以在此模型中增加或减少流量域或者层级，从而满足不同的业务

场景的要求。在这里留一个小问题给大家，版本迭代时如何设计 A/B 试验实现与以往版本进行比较？

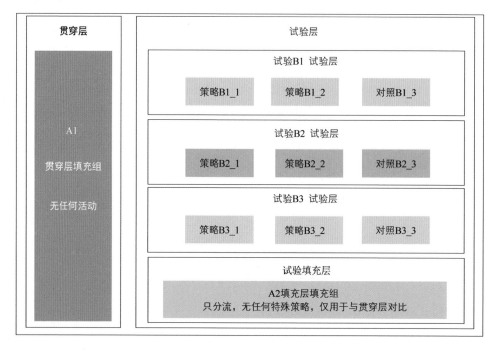

图 7-11　A/B 试验正交试验的设计架构

现在继续回到你的疑问和老板的疑问。

按照上述的框架进行试验设计，虽然试验 B1 层的流量被复用到试验 B2 层，也就相当于把 B1 层的试验效果带到了 B2 层，但是流量是正交的，即 B1 层的试验效果随机均匀打散分配到 B2 层，所以 B1 层的试验效果对 B2 层的每一个试验策略的影响都是均衡的，整体上来看别人的试验并不会影响到自己的试验效果。

按照上述的框架进行分层后，可以按照如下的方式量化贡献，解答老板的疑问：

（1）计算活动的整体贡献：试验填充层与贯穿层；

（2）计算活动 B1 的贡献：活动 B1 试验层中，试验组与对照组；

（3）计算活动 B2 的贡献：活动 B2 试验层中，试验组与对照组；

（4）计算活动 B3 的贡献：活动 B3 试验层中，试验组与对照组。

当数据分析师遇到选择最优策略的问题时用 A/B 试验总是没错的，它还能够计算投入产出比，从而在现有流量条件下获得最大收益。

7.3 A/B 试验背后涉及的统计学原理

持续有效的 A/B 试验是实现业务增长的利器，而理解 A/B 试验背后的统计学知识有助于在进行数据分析时设计出更加合理、高效的 A/B 试验方案，同时有利于数据分析师对 A/B 试验结果的解读，给出业务方切实可行的决策指导方案。

A/B 试验本质上是假设检验的过程，在试验之初需要产品经理、运营人员、数据分析师和前后端工程师相互配合，共同完成试验组和对照组的配置，数据分析师基于对照组和试验组提出某种假设，然后收集试验组和对照组的数据，通过假设检验验证两组数据是否在统计学上存在差异。

试验组和对照组是数据分析师从全量样本中抽出来的样本，只是总体用户的一小部分。但数据分析师关心的并不是这一小部分用户，而是产品改版对于全量用户的影响，这就涉及统计学中的中心极限定理和大数定律。只要抽样次数足够多，样本均值的抽样分布趋近于正态分布，样本就能在一定程度上代表总体。因此，A/B 试验的价值之一就是具有先验性，能够通过小部分样本验证新方案对于用户的影响，让数据分析师在事情尚未发生之前通过手头有限的资源和信息预估新方案的效果，以避免直接全量上线新方案造成用户损失等情况发生。

本节会围绕 A/B 试验中涉及的统计学知识来展开，包括样本与总体、中心极限定理、大数定律、数据分布、假设检验等。学完 A/B 试验背后的统计学原理，相信你对其会有更深入的理解。

7.3.1 什么是抽样

抽样是 A/B 试验的核心步骤之一，因为对于某一个新上的功能，数据分析师不可能统计到每一个用户的接受程度，所以只能从全量用户中抽取一部分用户作为代表进行研究，以部分用户对于新功能的接受程度代表总体对其接受程度。

在统计学层面，某款产品的全量用户就是总体（Population），而每次通过特定的方法抽取出来做 A/B 试验的用户就是样本（Sample），如图 7-12 所示。但是样本终究是样本，A、B 两组样本在抽样的过程中可能存在波动（Variance），因此用样本估计总体是有偏差的。所以 A/B 试验的实质是通过假设检验去判断 A、B 两组样本之间的差异是由抽样的随机误差引起的，还是由 A、B 两组样本本身之间的差异引起的。

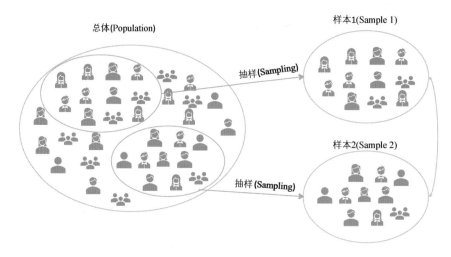

图 7-12　样本与总体

7.3.2 样本为什么可以代表总体

样本在一定程度上是可以代表总体的，在统计学上有几个著名理论支撑了这一结论：①大数定律；②中心极限定理；③$3\delta$ 原则。

1. 大数定律

在统计学中，大数定律是描述多次重复试验结果的定律。大数定律是指在单次试验中，随机事件可能发生也可能不发生，但随着试验次数的增加，随机事件发生的频率趋于一个稳定值，即该事件发生的概率。

简单来讲，大数定律揭示了随机事件的均值具有长期稳定性，事件发生的频率可以近似替代事件发生的概率；样本均值可以近似替代总体均值。

2. 中心极限定理

中心极限定理（Central Limit Theorem）是对抽样分布的描述，该定理指出了大量随机变量之和近似服从正态分布的条件，其内容是从总体抽取样本容量为 n 的随机样本，当样本容量足够大时，样本均值的抽样分布近似为正态分布。

当样本容量达到 30 时，样本均值的分布会逐渐呈现一个钟形曲线，逐渐趋于正态分布，因此样本容量为 30 是大样本与小样本的区分标准。当总体服从正态分布时，只要抽样的样本容量大于或等于 30，样本均值的分布都可以认为是正态分布，这也是之后要讲的假设检验的大前提。对于总体不服从正态分布的情况，也可以用中心极限定理确定样本均值的分布形状。同样地，对于非正态分布总体来说，当样本容量达到 30 时，样本均值的分布形态都近似于正态分布[2]。

对于数据分析师来说，在 A/B 试验中需要比较的指标无非两类，一类是均值类型的，如平均在线时长、平均付费金额等；另一类是率值相关指标，如转化率、付费率、留存率等指标。对于第一类指标样本均值，前面已经证明无论总体的分布是否是正态分布，只要样本容量大于或等于 30，其抽样分布为正态分布；对于第二类指标样本比率，其抽样分布为二项分布，但是当样本容量 n 足够大，且样本容量 n 和样本比率 p 满足 $np \geqslant 5$ 和 $n(1-p) \geqslant 5$ 时，比率的抽样分布可以用正态分布近似。

3. 3δ 准则

在 A/B 试验中，只要样本容量足够大，无论是样本均值还是样本比率的分布都可以近似为正态分布。在正态分布中 δ 代表标准差，μ 代表均值。$x=\mu$ 即图像的对称轴。无论 A/B 试验研究的对象是样本均值还是样本比率，对于每一次抽样，其值几乎都会落在 ($\mu-3\delta$，$\mu+3\delta$)，这就是重要的 3δ 原则。3δ 原则描述了对于服从正态分布的样本进行抽样时，样本 Y 的概率分布范围，Y 的数值分布如下：

（1）Y 值分布在 $(\mu-\delta,\mu+\delta)$ 中的概率为 0.6826；

（2）Y 值分布在 $(\mu-2\delta,\mu+2\delta)$ 中的概率为 0.9544；

（3）Y 值分布在 $(\mu-3\delta,\mu+3\delta)$ 中的概率为 0.9974。

可以认为，Y 的取值几乎全部集中在 $(\mu-3\delta,\mu+3\delta]$ 区间内，超出这个范围的可能性不到 0.3%。

统计学上，通常把 $\pm 3\delta$ 的误差作为极限误差。对于正态分布的随机误差，落在 $\pm 3\delta$ 以外的概率只有 0.27%，它在测量中发生的可能性很小，故存在 3δ 准则。

举个例子来说，数据分析师要研究有多少用户会点击某个按钮，但是用户数量庞大，数据分析师不可能一一调查每一用户，所以需要通过抽样来研究这个问题。对于点击这个行为来说，用户要么点击，要么不点击，其抽样结果服从二项分布，但抽样数量足够大就可将二项分布近似为正态分布。假设每次用户的点击概率为 $\hat{p}$，不管 $\hat{p}$ 落在距离总体均值 μ 多远的地方，总有 68.2% 的样本落在距离总体均值 1 个标准差(σ)的范围内，95.4% 的样本落在距离总体均值 2σ 的范围内，99.7% 的样本落在距离总体均值 3σ 的范围内。更重要的是，有 95% 的样本落在距离总体均值 1.96σ 的范围内。95% 是统计学经常所说的置信水平，即数据分析师有 95% 的把握说样本比率落在距离总体均值 1.96σ 的范围内，落在此范围外的概率极小，仅有 5%，无疑是一个小概率事件，这也是假设检验的本质。

7.3.3 通过假设检验判断 A、B 两组样本是否存在差异

假设检验（Hypothesis Testing）用来判断样本与样本、样本与总体的差异是由抽样误差引起的，还是由本质差别造成的。其本质是利用小概率原理的反证法，即小概率事件在一次试验中实际上不可能发生。假

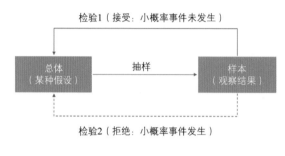

图 7-13 假设检验的实质

设检验首先需要对总体参数提出某种假设（原假设），然后通过抽样判断应该拒绝该假设还是接受该假设，如图 7-13 所示。假设检验的目标是拒绝原假设，如果没有足够的信息证明原假设成立，就拒绝原假设；如果有足够信息证明原假设成立，就接受原假设。

在 A/B 试验中，数据分析师的目标是判断 A、B 两个方案中哪个是最优方案，所以对于均值类型的试验来说，其估计量为 $\mu_A - \mu_B$，即对照组与试验组之间的样本均值是否存在差异；对于比率类型的试验来说，其估计量为 $P_A - P_B$，即对照组与试验组之间的样本比率是否存在差异。因此，原假设是 $\mu_A - \mu_B = 0$ 或 $P_A - P_B = 0$，备择假设是 $\mu_A - \mu_B \neq 0$ 或 $P_A - P_B \neq 0$，数据分析师就需要通过统计学原理判定是接受原假设还是拒绝原假设。

但是由于抽样误差的存在，A/B 试验的结果可能出现表 7-2 所示的四种情况。当原假设 H_0 为真时，却错误地拒绝原假设，统计学上称其为 I 类错误，也叫"误判"，其犯错的概率为 α；而当原假设 H_0 为假时，错误地接受原假设，统计学上称为 II 类错误，也称为"漏报"，犯错概率为 β。

表 7-2　A/B 试验可能出现的四种情况

决　策	接　受 H_0	拒　绝 H_0
H_0 为真 （随机因素）	正确地接受 H_0（$1-\alpha$），决策正确 真阴性（True Negative，TN）	错误地拒绝 $H_0(\alpha)$，I 类错误 假阳性（False Positive，FP） 冤枉好人——误判
H_0 为假 （自变量有效）	错误地接受 H_0，II 错误 假阴性（False Negative，FN） 漏网之鱼——漏报 β	正确地拒绝 $H_0(1-\beta)$，决策正确 真阳性（True Positive，TP）

数据分析师需要将犯 I 类错误和 II 类错误的概率降到最小。当样本容量固定时，不可能同时减少犯两类错误的概率，但有一个折中的办法，即选择较小的显著水平 α；当样本容量不固定时，有效的办法是通过增大样本，实现同时减少犯 I 类错误和 II 类错误的概率[2]。

7.3.4　如何通过样本估计总体

如何用样本估计总体呢？统计学中也提供了比较完善的方法论，数据分析师不可能通过样本均值（$\bar{x}$）或者样本比率（$\bar{p}$）准确估算出总体的均值（x）或比例（p），所以通过样本均值或样本比率估计总体均值或总体比率时需要加减一个被称为边际误差的值来计算总体的区间，这个估计称为区间估计。

总体均值的区间估计必须利用总标准差 δ 或样本标准差 s 计算边际误差。在此，笔者对总体标准差 σ 已知的情况进行讨论，但在现实的工作中总体标准差通常是未知的，此时需要用样本标准差 s 估计总体均值的区间。

举个例子来说，在研究某项功能升级后对于用户平均在线时长的影响的试验中，数据分析师抽取了 100 个样本进行研究，其平均在线时长为 96.56 分钟，历史数据显示全部用户的平均在线时长服从标准差为 20 的正态分布。那么在 95% 的置信度下，估计某项功能升级后，全部用户的平均在线时长处于哪个区间？

在总体标准差 δ 已知的情况下，总体均值的区间估计的计算公式如式（7.4）所示：

$$\bar{x} \pm Z_{\frac{\alpha}{2}} \frac{\delta}{\sqrt{n}} \tag{7.4}$$

其中 $1-\alpha$ 为置信系数，$Z_{\frac{\alpha}{2}}$ 为标准正态分布上侧面积为 $\frac{\alpha}{2}$ 时的 Z 值，这个值可以通过概率分布表查到，$Z_{\frac{\alpha}{2}} \dfrac{\delta}{\sqrt{n}}$ 就是边际误差。

将已知条件代入公式，就可以计算出全部用户的平均在线时长：

$$96.56 \pm 1.96 \frac{20}{\sqrt{100}} = 96.56 \pm 3.92$$

上面的例子是已知总体标准差 δ 的情况。对于数据分析师来说，实际工作中不知道总体标准差的情况较为普遍，用样本比率估计总体比率也是较为常见的应用场景。这里就不一一展开论述，只是将各种情况下用到的区间估计的公式[2]总结为图 7-14。而在 A/B

试验中涉及两组样本之间的比较，情况较为复杂，在后面的章节会具体讲解。

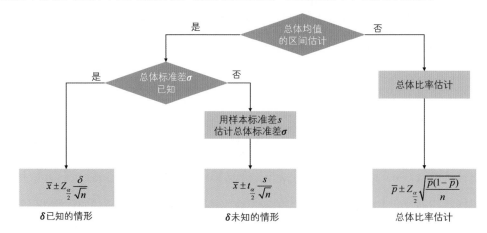

图 7-14　总体均值区间估计的公式

7.3.5　如何确定足够的样本量，以达到所希望的边际误差

前面介绍了通过样本均值和样本比率估计总体均值和总体比率的方法，除此之外，数据分析师在做 A/B 试验的时候还常常会遇到样本量确定的问题，到底选择多少个样本才是合适的？对于这个问题，统计学也给出了很好的答案。

以 δ 已知的情况为例，样本均值的区间估计的计算公式为式（7.5）:

$$\bar{x} \pm Z_{\frac{\alpha}{2}} \frac{\delta}{\sqrt{n}} \tag{7.5}$$

而 $Z_{\frac{\alpha}{2}} \dfrac{\delta}{\sqrt{n}}$ 就是边际误差，令希望达到的边际误差为 E，则可得到等式（7.6）:

$$E = Z_{\frac{\alpha}{2}} \frac{\delta}{\sqrt{n}} \tag{7.6}$$

移项得到样本量 n 的表达式（7.7）为

$$n = \frac{\delta^2 \left(Z_{\frac{\alpha}{2}} \right)^2}{E^2} \tag{7.7}$$

E 是可以接受的边际误差，可以由区间估计中的显著水平确定。δ 是总体标准差，如果 δ 已知，直接代入公式即可；如果 δ 未知，数据分析师同样可以给出一个初始值或计划值，仍可将其代入公式，计算出所需样本容量。

对于总体比率区间估计的样本容量，同样可以通过类似的方法进行推导，这里就不再赘述，只是将计算公式[2]总结为图 7-15。

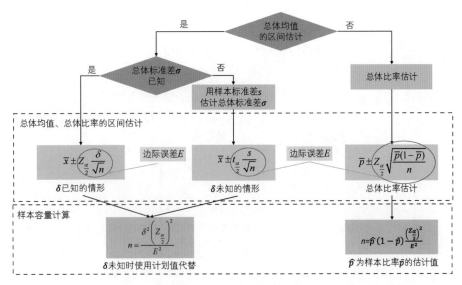

图 7-15　样本容量估计的公式总结

但是在 A/B 试验中，样本容量的估算远比上面介绍的方法复杂得多，因为 A/B 试验中数据分析师需要从一个总体中抽出 A、B 两组样本用于比较两组样本均值或样本比率之间是否存在差异，所以除了置信度 α、功效（$1-\beta$）等参数，这里还涉及 A、B 两组样本比例 $\kappa = \dfrac{n_A}{n_B}$。

此处以样本均值的双尾检验为例进行说明，假设数据分析师要对某个功能更新前后用户的平均在线时长进行研究，欲抽取 A、B 两组用户进行试验，A 组用户使用老版本，B 组用户使用新版本，则老版本全体用户的平均在线时长可以近似认为是 A 组样本的平均在线时长，记为 μ_A；而 B 组样本的平均在线时长在试验开始之前是未知的，所以可以提供一个改进后的预期值，记为 μ_B，$\kappa = \dfrac{n_A}{n_B}$ 为预定的样本比例；同样的，对于标准差 σ 在试验之前也很难知道其具体数值，只能根据经验值进行预估，则有以下计算公式[3]：

$$n_A = \kappa n_B$$

$$n_B = \left(1 + \frac{1}{\kappa}\right)\left(\sigma \frac{Z_{1-\frac{\alpha}{2}} + Z_{1-\beta}}{\mu_A - \mu_B}\right)^2 = \left(1 + \frac{1}{\kappa}\right)\left(\sigma \frac{Z_{1-\frac{\alpha}{2}} + Z_{1-\beta}}{d}\right)^2 \qquad (7.8)$$

而公式（7.8）中的 $\mu_A - \mu_B$ 是两样本均值之差。

对于两样本均值的单尾检验、两样本比率的双尾检验以及单尾检验的公式，笔者不再一一解释，只是将 A/B 试验中不同情况下样本容量的计算公式[3]总结为图 7-16，其推导过程不再赘述，感兴趣的读者可以参考各类统计学书籍。

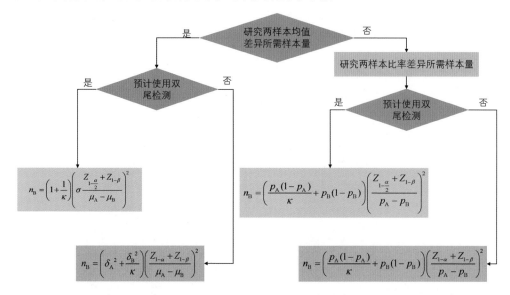

图 7-16　A/B 试验中样本容量估计的方法

这里需要注意的是，不同 A/B 试验进行样本容量估计的公式略有不同，但都可以在一定程度上估计试验所需的样本容量。

7.3.6　如何衡量试验效果

A/B 试验的效果可以通过 P 值、效应量、最小检测效应来衡量，下面一一介绍各个衡量指标。

1. 显著性水平$(1-\alpha)$和 P 值

显著性水平（Significance Level）和 P 值是判断试验结果是否具有统计显著性的重要指标。显著性水平将犯 I 类错误的概率控制在一给定的水平下，这个水平就是显著性水平，在此基础上使犯第 II 类错误的概率尽可能小。

P 值在统计学中用来衡量两样本由随机抽样误差，即犯 I 类错误而产生的差异，只要 P 值足够小，小到可以忽略，数据分析师就可以认为两样本之间的差异并不是由抽样误差引起的，而是样本本身就存在差异。

思考一个问题，是否只要 P 值在置信水平下显著就可以认定试验结果是有效的？

2. 效应量

效应量（Effect Size）又称为效应值，也是判断试验结果的一个指标之一，假如试验结果的 P 值在置信水平下显著，但效应量小，数据分析师仍然有理由认定试验结果是不显著的。

A/B 试验中效应量是指对照组和试验组之间的差异大小。效应量不依赖于样本容量，也不依赖于测量尺度，正负号仅表示效应的方向，其绝对值才反映实际效应的大小，效应量越大，差异越大。

例如，Cohen`s d 是计算组间均值差异的常用效应量，计算该效应量需要两组参数即两组均值及合并标准差，其计算公式如式（7.9）所示：

$$d = \frac{均值差异}{标准差} = \frac{A组均值 - B组均值}{合并标准差} = \frac{\mu_1 - \mu_2}{\delta_{pool}} = \frac{\mu_1 - \mu_2}{\sqrt{\dfrac{(n_1-1)s_1^2 + (n_2-1)s_2^2}{n_1 + n_2 - 2}}} \tag{7.9}$$

效应值的评价标准如表 7-3 所示。

表 7-3 效应值大小及其价值

效 应 值	效 应	价 值
d=0.2	小	较小
d=0.5	中	中等
d=0.8	大	较大

3. 最小检测效应

最小检测效应（Minimum Detectable Effect，MDE），也称为检测灵敏度，它与样本容量、样本标准差、犯 I 类错误和 II 类错误有关。Z 检验和 t 检验的最小检测效应 MDE 的计算方式有所不同，Z 检验的 MDE 计算公式如式（7.10）所示：

$$MDE = \left(Z_{\frac{\alpha}{2}} + Z_\beta \right) \sqrt{\frac{\sigma_A^2}{n_A} + \frac{\sigma_B^2}{n_B}} \tag{7.10}$$

t 检验的 MDE 计算公式如式（7.11）所示：

$$MDE = \left(t_\alpha + t_\beta \right) \sqrt{\frac{\sigma_A^2}{n_A} + \frac{\sigma_B^2}{n_B}} \tag{7.11}$$

7.3.7 多重比较中 P 值修正的三方法

假设检验的基本原理是小概率原理，即小概率事件在一次试验中实际上不可能发生。当同一问题进行多次假设检验时，不再符合小概率原理所说的"一次试验"。如果对于同一问题进行 n 次检验，每次检验的误判率（犯 I 类错误的概率）为 α，则 n 次检验的误判率可以增至 $1-(1-\alpha)^n$。此类情况在多个试验的比较、多个指标的比较或者是临床试验分析中较为常见[4, 5]。

举个例子来说，假设数据分析师在 95% 置信度下计算 10 次试验，总体误报概率（至少误报一次）=1-没有误报的概率=1-（0.95）$^{10}\approx$40%，则大约 40% 的概率会检测到一个或多个误报[5]。在多重比较的场景下，想要避免此类问题的出现，需要调整显著性水平，即犯 I 类错误的概率，可以采用 Bonferroni 法、holm's step down 法、Hochberg standby 法。各类方法的原理，笔者不再赘述，感兴趣的读者可以参考统计学相关书籍。

7.4 Python 实战：A/B 试验在广告方案选择中的应用

A/B 试验是对比分析中较为经典的方法。它通过控制试验变量研究对照组与试验组之间是否存在显著差异，从而决定是否大规模推广新策略。A/B 试验是探究因果关系最为有效的方法，数据分析师除设计 A/B 试验流程外，还需要结合试验数据对试验结果进行分析和评估，这个过程就涉及各类统计学知识的应用。这一节将会以 Kaggle 开源的智能广告案例为背景，通过 Python 实现对 A/B 试验数据的处理[1]。

7.4.1 试验背景

为了测试智能广告相比普通广告是否更受用户欢迎，数据分析师设计了 A/B 试验，通过观察智能广告的点击率与普通广告的点击率之间是否有差异，进而决定是否大规模推广智能广告。

在试验组中向用户曝光智能广告，而在对照组中只向用户曝光虚拟的广告位，在一定时间内收集了足够的样本量。

---

① Emmanuel O. Ad A/B Testing[EB/OL].

在此次 A/B 试验中，需要验证的核心指标是广告点击率，即点击广告的用户占曝光广告的用户的比例。

7.4.2　数据基本情况探索

为了了解数据的质量，数据分析师需要对数据基本情况进行探索。

首先，通过如下代码读入数据并且查看字段及其类型。

```
data=pd.read_csv("AdSmartABdata.csv")
data.info()
<class 'pandas.core.frame.DataFrame'>
RangeIndex: 8077 entries, 0 to 8076
Data columns (total 9 columns):
 #   Column        Non-Null Count   Dtype
---  ------        --------------   -----
 0   auction_id    8077 non-null    object
 1   experiment    8077 non-null    object
 2   date          8077 non-null    object
 3   hour          8077 non-null    int64
 4   device_make   8077 non-null    object
 5   platform_os   8077 non-null    int64
 6   browser       8077 non-null    object
 7   yes           8077 non-null    int64
 8   no            8077 non-null    int64
dtypes: int64(4), object(5)
memory usage: 568.0+ KB
```

其次，了解每一个字段包含的内容也是数据基本情况探索的重要环节，可以通过如下代码实现。

```
for column in data.drop(['auction_id','hour','device_make'], axis=1).columns:
    print(column,'-',data[column].unique())

experiment - ['exposed' 'control']
date - ['2020-07-10' '2020-07-07' '2020-07-05' '2020-07-03' '2020-07-09'
 '2020-07-04' '2020-07-06' '2020-07-08']
platform_os - [6 5 7]
browser - ['Chrome Mobile' 'Chrome Mobile WebView' 'Facebook' 'Mobile Safari'
```

```
'Chrome Mobile iOS' 'Samsung Internet' 'Mobile Safari UI/WKWebView'
'Chrome' 'Opera Mini' 'Edge Mobile' 'Android' 'Pinterest' 'Opera Mobile'
'Firefox Mobile' 'Puffin']
yes - [0 1]
no - [0 1]
```

最后，数据分析师可以通过如下代码查看试验组和对照组的样本容量。其结果如图 7-17 所示，由图可知，试验组与对照组的样本比例较为均衡。

```
fig,axes = plt.subplots(figsize=(10,8),dpi=600)
sns.countplot(x=data['experiment'],alpha=.95)
plt.title("The of counts of different type samples")
```

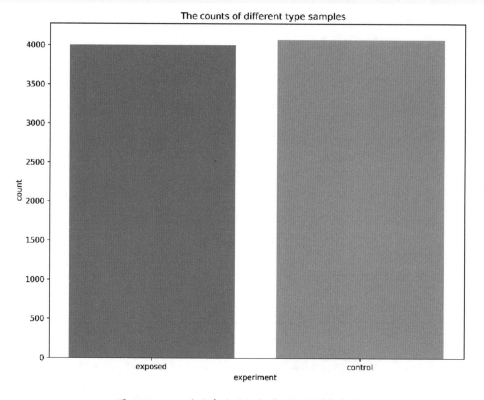

图 7-17　A/B 试验中试验组与对照组的样本容量

7.4.3　A/B 试验结果分析

完成数据基本情况探索之后，下面要验证智能广告的点击率与普通广告点击率之间是否有差异，步骤如下。

1. 提出假设

此次 A/B 试验，数据分析师要验证的是智能广告与普通广告的点击率之间是否有差异，此处记普通广告的点击率为 p_1，智能广告的点击率为 p_2，则数据分析师可以提出以下原假设（H_0）和备择假设（H_1）。

H_0：智能广告与普通广告的点击率之间没有差异，即 $p_2 - p_1 = 0$。

H_1：智能广告与普通广告的点击率之间存在差异，即 $p_2 - p_1$ 不等于 0。

2. 验证假设的统计学基础

提出假设之后的重要步骤就是验证假设。验证假设的方法就是检验试验组和对照组的点击率之间是否存在显著性差异，即计算两者之间 P 值及置信区间。

在正式操作之前，我们先了解一下这一环节需要用到的统计学知识。

数据分析师希望将一半用户放到对照组，将另一半用户放到试验组。对于一个用户来说，要么被分配到对照组，要么被分配到试验组，这是一个非黑即白的事情，那么该独立样本被分配到对照组的概率为 0.5，则分配给对照组的样本数量应该是满足二项分布的随机变量 X。

当样本数量 n 足够大时，由中心极限定理可知，二项分布可以近似正态分布，因此有以下公式：

$$X \sim n\left(P, \sqrt{\frac{P(1-P)}{n}} \right) \tag{7.12}$$

在 95% 置信度下可以接受的边界误差（ME）及置信区间（CI）的计算公式分别记为式（7.13）和式（7.14）。

$$\mathrm{ME} = Z_{1-\frac{\alpha}{2}}\mathrm{SD} \tag{7.13}$$

$$\mathrm{CI} = [\hat{p} - \mathrm{ME}, \hat{p} + \mathrm{ME}] \tag{7.14}$$

对于点击率这个比率类型的指标来说，其检验统计量 Z 的表达式是什么呢？接下来我们一起来推导一下吧！

假定 H_0 为真，即 $p_1 - p_2 = 0$。也就是说，两总体比率是相等的，则有等式 $p_1 = p_2$。我们以点估计量 $\hat{p}_1 - \hat{p}_2$ 的抽样分布作为检验统计量的基础，在 $p_1 = p_2 = p$ 时，$\hat{p}_1 - \hat{p}_2$ 的标准误（$\sigma_{\hat{p}_1 - \hat{p}_2}$）计算公式如式（7.15）所示。

$$\sigma_{\hat{p}_1-\hat{p}_2} = \sqrt{\frac{p_1(1-p_1)}{n_1} + \frac{p_2(1-p_2)}{n_2}} = \sqrt{p(1-p)\left(\frac{1}{n_1} + \frac{1}{n_2}\right)} \qquad (7.15)$$

公式（7.15）中 p 是总体比率，但大部分情况下总体比率 p 是未知的，所以需要合并或者组合两个样本的点估计量（ $\hat{p}_1$ 和 $\hat{p}_2$ ），得到 p 的合并估计量（ $\hat{p}$ ），如式（7.16）所示：

$$\hat{p} = \frac{n_1\hat{p}_1 + n_2\hat{p}_2}{n_1 + n_2} \qquad (7.16)$$

$\hat{p}$ 是 p 的合并估计量，即 $\hat{p}_1$ 和 $\hat{p}_2$ 的加权平均数，用 $\hat{p}$ 代替 p 即可获得 $\hat{p}_1 - \hat{p}_2$ 的标准误估计，如式（7.17）所示。

$$\sigma_{\hat{p}_1-\hat{p}_2} = \sqrt{\hat{p}(1-\hat{p})\left(\frac{1}{n_1} + \frac{1}{n_2}\right)} \qquad (7.17)$$

而 $\hat{p}_1 - \hat{p}_2$ 的检验统计量 Z 的一般形式如式（7.18）所示。

$$Z = \frac{\hat{p}_1 - \hat{p}_2}{\sqrt{\hat{p}(1-\hat{p})\left(\frac{1}{n_1} + \frac{1}{n_2}\right)}} \qquad (7.18)$$

把式（7.16）代入式（7.18），即可得到检验统计量 Z 的最终表达式。

根据公式（7.18），数据分析师可以命名几个函数以计算试验组和对照组点击率之间是否具有显著性差异及其置信区间，实现代码如下。

```
def cal_pvalue(z_score):
    return scipy.stats.norm.sf(abs(z_score))
def get_z_score(alpha):
    return norm.ppf(alpha)

def cal_proportion_confidence(p1,p2,p,n1,n2,alpha):
    d=round(p2-p1,4)
    sd=mt.sqrt(p*(1-p)*(1/n1+1/n2))
    z_score=d/sd
    p_value=round(cal_pvalue(z_score)*2,6)
    ME=round(get_z_score(1-(alpha/2))*sd,4)
    print ("P_value 为",p_value,"置信区间的范围在[",d-ME,",",d+ME,"]，由于试验产生的变化值
",d*100,"%")
```

接下来，我们可以检验点击率这个指标在试验组和对照组之间是否存在显著性差异。通过如下代码实现显著性检验，首先统计试验组和对照组的样本数量，同时计算各

组中点击广告的用户数量，然后计算各组的广告点击率，最后调用函数实现 *P* 值及置信区间的计算。

```
control = data[data['experiment'] =='control']
exposed = data[data['experiment'] =='exposed']

total_control=exposed['auction_id'].count()
total_exposed=exposed['auction_id'].count()

clicks_control=control['auction_id'].loc[(control['yes']== 1) & (control['no']== 0)].count()
clicks_exposed=exposed['auction_id'].loc[(exposed['yes']== 1) & (exposed['no']== 0)].count()
p1=clicks_control/total_control
p2=clicks_exposed/total_control
p=(clicks_control+clicks_exposed)/(total_exposed+total_control)
cal_proportion_confidence(p1,p2,p,total_control,total_exposed,0.05)

P_value 为 0.055875 置信区间的范围在[ -0.00029 , 0.0223 ]，由于试验产生的变化值 1.10 %
```

3. 得出结论

根据假设检验的结果，*P* 值大于 0.05，因此接受原假设，智能广告的点击率和普通广告的点击率是没有差别的，不建议大规模推广智能广告。

第8章 分群思维

用户在不同的生命周期，其行为呈现不同的特征，这些不同的特征可以从数据层面进行捕捉，从而将具有相似特征的用户放到一个群组进行精细化运营，这就是用户分群。用户分群思维是用户精细化运营的重要手段，也是数据分析的重要思维方式之一，因此数据分析师掌握用户分群相关的数据分析方法尤为重要。本章会立足于用户分群思维，从结构化分析、同期群分析等分析方法出发介绍其在用户分群中的应用，同时会通过开源数据集建立 RFM 模型及 K-Means 以实现用户分群。

8.1 从用户生命周期浅谈分群思维

用户在不同的阶段其状态会不断地变化，因此掌握用户在不同阶段的变化规律，对不同类型的用户采取不同的运营方案，从而引导用户达成运营目的是互联网业务的核心。用户分群是达成运营目的的重要手段之一，它能够最大化地提升用户价值。数据分析师从数据层面辅助运营人员进行用户分群也是其重要工作内容之一。本节会围绕用户分群思维展开，介绍几种常用的用户分群的方法及相关示例。

8.1.1 什么是分群思维

用户分群是按照用户生命周期，将用户分成不同阶段的用户，从而采取不同的运营策略对其进行运营；当然，数据分析师也可以根据用户的活跃度、付费等特征对用户进行群组的划分，从而对不同群组的用户采取有针对性的运营策略。

以用户生命周期的转变为例，用户在生命周期的每一个阶段其状态都是不断变化的，如果采用"一刀切"的方法对所有用户采用同样的运营策略显然不合适。在用户的不同生命周期，运营的策略各不相同，以用户生命周期作为划分节点是最简单的用户分群思维的体现，如图 8-1 所示。

在获客阶段，运营人员的目标是希望足够多的优质用户能够下载产品，以获得足够大的用户基数，因此通常新客下载激活产品后会获得部分新手福利。

图 8-1　以用户生命周期为划分节点的用户分层

在用户激活阶段，运营人员的目标是下载产品的用户能够注册自己的账号并且持续使用产品，因此用户在激活产品后会得到额外的新手奖励，并且产品会有相应的新手引导功能帮助用户熟悉产品的使用，以促使用户留存。

在用户留存阶段，运营人员希望足够多的活跃用户能够长期活跃并且将其转化为产品的忠实用户，最终留存下来为产品付费。因此，这个阶段运营人员会持续开展各类运营活动，固化用户使用习惯，使用户对产品感兴趣，进而引导用户付费。

在用户付费阶段，将留存下来的用户转化为付费用户是主要目标，运营人员通常使用不同的优惠策略或者营销手段转化用户，从而达到提高营收的目的；对于已经付费的用户，则需要持续开展各类运营活动，从而促使用户持续付费。

在用户推广阶段，运营人员希望用户为产品代言，将产品推荐给不同的用户，从而产生传播效应。上述的例子就是简单的分层思想的体现，但是在现实的工作中用户的分层却比这个复杂得多。用户分层更多的是结合业务形态与相关监控指标进行的，至于将相关的监控指标划分为几个级别，每个级别的区间如何确定就需要结合数据分布及运营经验共同确定。

以上的例子中，笔者根据用户生命周期的不同阶段实现用户分群。但现实情况下对于大部分产品来说，用户由两部分构成，从而形成双层金字塔的分群结构。双层金字塔结构的用户分层如图 8-2 所示。例如，对于电商类产品，既需要优质商家提供物美价廉的商品，也需要消费者在电商平台购买商品；对于类似于 B 站、抖音、快手等平台来说，既需要优质的内容创作者，又需要直播大赏的忠实粉丝。由上可见，同时优化两个不同的用户群体是大部分产品的目标，双层金字塔结构的用户分层也是普遍存在的。

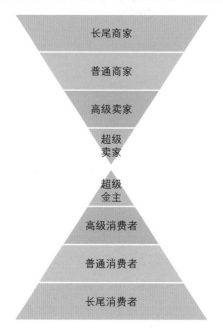

图 8-2　双层金字塔结构的用户分层

8.1.2　为什么需要用户分群

通过上述的介绍，想必你已经了解了什么是用户分群，对于为什么需要进行用户分群已经有了初步的认识。从运营人员的角度来说，用户分群是用户精细化运营的基础；从数据分析师的角度来说，用户分群可以让数据更加精准。

那为什么需要用户分群呢？

1. 用户分群是用户精细化运营的基础

在用户生命周期的每个阶段，运营人员的目标和重点都是不一样的。如果使用"一刀切"的方法进行用户运营，运营人员可能投入很多精力，但最终活动效果一般。因此，对用户进行分群，对于不同阶段、不同特征的用户采取不同的运营策略能够获得最大的投入产出比。

以用户生命周期的各阶段为划分节点，基本实现了用户的分层。在用户生命周期的不同阶段，还可以在分层内根据用户特征继续进行分层，以实现更高的精细化运营需求，如图 8-3 所示。

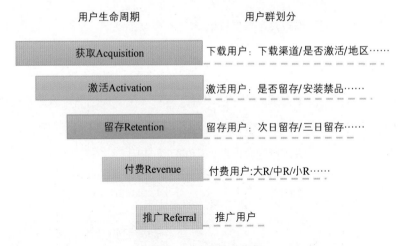

图 8-3 用户精细化运营

例如，对于下载用户来说，往前回溯，运营人员会关心这些用户从哪个渠道来，往后追踪会关心各个渠道用户的激活比例、留存情况、付费金额等。因此，根据获客渠道对下载用户进行分群，是用户分群的角度之一；也可以以下载用户是否激活产品作为分类标准，从而实现用户分群，进而探索用户下载未激活的原因并且给运营人员相关的意见和建议；当然还可以以国家、地区、手机型号、手机中安装的竞品等作为分群维度。

用户分群没有固定的标准，需要结合业务具体形态进行，大部分情况下数据分析师结合数据分布及运营人员的意见进行用户群体的划分。好的用户分群不仅能够实现最大效益的投入产出比，也能让用户获得最优的体验。

2．用户分群更能体现用户差异化

很多情况下，数据分析师会通过平均值去衡量群体水平，平均值虽然方便，但是很多情况下并不能反映最真实的业务形态，而通过用户分层比较不同层级的差异更能说明业务问题。

举个例子来说，郭敬明和姚明身高的平均值是 190.5cm，那么我们可以认为国人的平均身高是 190.5cm 吗？马云的财富值是 4377 亿元，而普通人的财富值只有 1 万元，其平均值是 2189 亿元，这样一算好像普通人也可以跻身富豪榜了，但真的是这样的吗？显然不能以这个平均值代表普通人的收入水平，更不能代表国民收入水平。

又如，2019 年人均国民收入 10410 美元，你被平均了吗？"二八法则"在现实生活中还是普遍存在的，20% 的人掌握了 80% 的财富，马云这样的富豪拉高了我们的收入水平，所以在很多情况下平均数并不是最优解。

8.1.3 用户分群方法论

作为数据分析师，想要实现用户分群以辅助运营人员实现精细化运营，有哪些方法可以参考呢？笔者将用户分群的方法论总结为图 8-4。此处仅简单介绍各类分群方法，后续章节会详细介绍各类方法在数据分析工作中的实际应用。

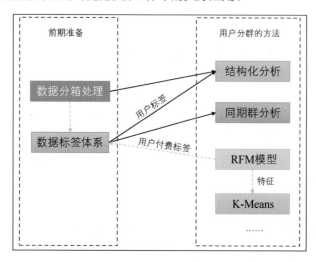

图 8-4　用户分群方法论

1. 结构分析

用户分群的方法之一是结构化分析，该方法是用户分群最基础的方法。结构化分析是通过数据分箱生成数据标签，然后通过统计各个标签的分布情况完成数据统计分析以辅助运营人员进行决策。当然，如果数据标签体系做得足够好，直接运用数据标签计算某些指标的分布也可完成结构化分析。

2. 同期群分析

同期群分析是用户分群的另一种方法，该方法是一种横纵结合的分析方法，在横向上分析同期群体随着时间推移而发生的变化，在纵向上分析在生命周期相同阶段的群组之间的差异。

3. RFM 模型

RFM 模型是典型的用户分群模型，主要应用于用户付费分群中。该模型根据用户最近一次消费（Recency）、消费频率（Frequency）及消费金额（Monetary）三个维度将用户划分为 8 个不同的群体，以评判每一个群体的价值，从而对不同的群体采用不同的运营策略，以达到最大的投入产出比。同时，RFM 模型生成的用户特征可以通过标签的形式保存到数据标签库中，以完善用户付费标签，使得之后的分析更加方便。

4．K-Means 算法

除了结构化分析、同期群分析及 RFM 模型，还可以运用机器学习算法，如 K-Means 等，基于用户的历史数据对用户进行分群。K-Means 算法也可以基于 RFM 模型输出的特征进行进一步计算，从而得到用户分群结果。

8.2　用数据分箱进行结构化分析

平均值是数据分析中常用的方法，它利用特征数据的平均指标来反映业务目前所处的位置和发展水平。但它不能反映业务的真实状态，容易掩盖个体差异，因此相比平均数，通过结构化分析能够更好地发现各类用户之间的差异。

8.2.1　结构化分析是什么

结构化分析就是用户分箱，即将圈定的用户群体按照组成成分或付费金额等维度划分区间对其进行分组，而后讨论各个组之间的差异。

1．以 DAU 变化为例诠释结构化分析

结构化的分析思想在数据指标异动分析模块就有体现，此处还是以 DAU 为例讲一讲结构化分析，从而让大家更加清晰地理解结构化分析。

近七天的 DAU 持续走低，看到这个现象之后运营人员想要确定 DAU 持续走低的原因，这时候就可以用到结构化分析，即按照 DAU 的组成成分分析，确定到底是哪一部分的人数减少。如图 8-5 所示，笔者将 DAU 拆解成新用户和老用户之后，发现这七天新用户占比基本不变，而老用户占比持续减少。老用户占比持续走低是 DAU 持续下降的原因，说明用户黏性不好，可以告诉老板应该推出一些激励活动刺激用户，提升用户黏性。

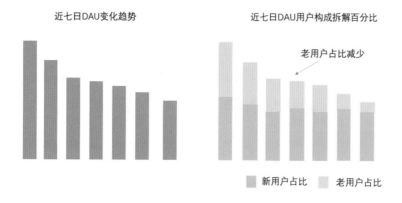

图 8-5 以 DAU 变化为例诠释结构化分析

2. 以营收分析为例诠释结构化分析

在营收付费方面结构化分析更加常用，因为经常存在 20%的用户贡献了 80%收入的情况，所以对用户进行分箱处理，进而进行结构化分析是非常重要的，最终可以朝着实现用户分层运营的方向努力。

对于营收方面的结构化分析，一般情况下通过用户的付费金额对用户进行分组并贴上标签，然后计算每一个组别的用户占比。用统计学的术语来说就是统计用户付费情况的分布，即各个标签下用户的分布情况。

如图 8-6 所示，通过统计结果，我们可以发现 5%的头部用户贡献了 75%的营收，和"二八法则"描述的情况非常相似，只不过这个例子中头部用户的购买力更强！

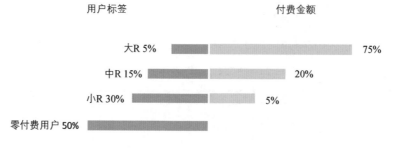

图 8-6 以营收分析为例诠释结构化分析

上述的用户标签和用户付费分布，对于业务的监控、业务波动原因的确定以及业务提升的建议等都是非常有帮助的。

这里举个例子进行说明，某段时间业务营收数据出现下滑的情况，数据分析师就可以通过结构化分析确定下滑的原因并给出一些合理的意见和建议。如图 8-7 所示，通过

结构化分析，数据分析师可以发现营收下降的原因是中 R 用户数量出现下滑，提升中 R
用户数量是增加营收的关键。

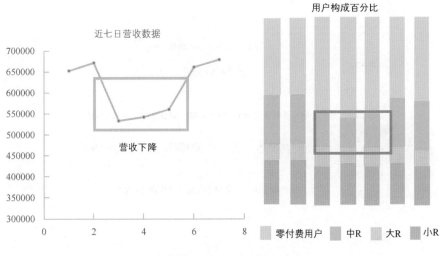

图 8-7 拆解用户构成，分析营收下降原因

8.2.2 如何更加高效地做结构化分析

由上可知，通过结构化分析可以看出各个层级的用户在相关维度上的特征，便于确
定业务波动的原因，给出业务方合理的意见和建议。结构化分析涉及用户分箱、用户标
签、指标体系和报表体系等多方面的知识，如何高效、快捷、成体系地应用结构化分析是
值得数据分析师思考的一个问题。

其实结构化分析并不需要每次都从头开始做，数据分析师完全可以将其固化为监控
报表，其方法流程总结为图 8-8。

在做监控报表之前，数据分析师首先需要确定研究对象，到底是以人还是货或者订
单为研究对象；其次确定监控指标，即是要研究用户活跃度还是用户付费率或者其他指
标；再次根据业务含义对数据进行分箱处理，对用户打上分类标签；最后选取合适的数
据维度对不同层级的用户进行监控，沉淀为一张张的报表。

最终结构化分析还是回归到数据报表，遇到问题时就不需要临时取数，也不需要额
外占用其他时间去分析了。从另一个层面来说，结构化分析是一种分析方法，更是数据
指标体系和数据标签体系的一环，只要数据指标体系做得足够好，数据分析师的临时取
数需求就能变少。不难发现，其实数据分析的大多数方法论都是用一组有逻辑的指标，

梳理清晰的标杆，长期监控业务变化，从而快速定位业务问题，得出结论。

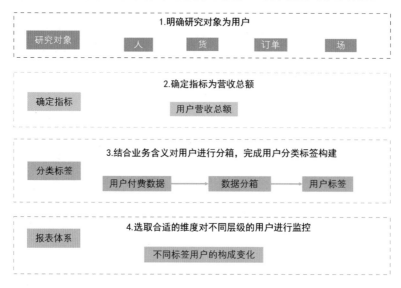

图 8-8　高效地做结构化分析的方法流程

8.3　同期群分析解读用户生命周期，剖析真实用户行为和价值

漂亮的平均值并不是数据分析的最优解，只是用数据造出来的虚幻景象，会给运营人员做决策造成误导。如图 8-9 所示，在用户生命周期各个环节中，用户的转化率和留存率是各不相同的，如果用各个环节转化率的加权平均值来代表整个周期的转化率显然是不正确的；即使仅对于留存阶段来说，新用户进入产品的第一、三、七、十四天的留存率也是各不相同的，显然取平均值也是不科学的。

图 8-9　用户生命周期及其转化流程

面对平均值不是最优解这个问题，前面介绍的结构化分析可以根据用户的付费行为等将其分为不同的组别，去统计分析不同组别用户的付费差异；结构化分析也适用于用户生命周期各个阶段转化率的分析，或是用户激活后的第 N 天的留存率分析。

但对于留存率分析最好的方法是同期群分析。同期群分析（Cohort Analysis）和结构化分析一样，也属于用户分群里的细分方法，可以对指定时间内具有共同行为特征的用户进行分群，统计不同用户群体在某段时间内某一指标的变化趋势。

8.3.1 同期群分析是什么

同期群分析是一种横纵结合的分析方法，在横向上分析同期群随时间推移而发生的变化，在纵向上分析在生命周期相同阶段的群组之间的差异。对用户所分的群组可以是同一天注册的用户，也可以是同一天登录的用户，还可以是同一天第一次发生付费行为的用户，要观测的指标可以是这群用户在一定周期内的留存率、付费率等。举例来说，分析"70 后""80 后""90 后"在 20 岁、30 岁、40 岁、50 岁的收入各是多少；分析每一天的新注册用户在之后 N 天的留存率等。

同期群分析的概念很晦涩，下面我们以某 App 新注册用户在注册之后 N 天的留存率变化为例进行说明，如图 8-10 所示。

注册时间	新增用户	留存率 横向：不同生命周期节点						
		1天后	2天后	3天后	4天后	5天后	5天后	7天后
2020-03-06	316	45.62%	36.19%	25.98%	19.45%	18.04%	18.12%	18.32%
2020-03-07	321	44.34%	35.89%	26.03%	19.23%	17.76%	17.89%	
2020-03-08(免费)	428	32.19%	26.95%	18.77%	12.98%	9.87%		
2020-03-09	314	43.89%	36.91%	25.83%	19.56%			
2020-03-10	329	43.15%	33.97%	24.92%				
2020-03-11	322	44.69%	36.03%					
2020-03-12	341	42.98%						

（纵向：不同分群）

图 8-10　用户注册后的 N 日留存率

某 App 是需要付费才能注册使用的，为了庆祝"三八"妇女节，该 App 在 3 月 8 日向所有用户免费开放注册，笔者对 3 月 6 日到 3 月 12 日之间注册的新用户做一个同期群分析。

笔者以每天注册的新用户作为一个群体，即以一天为周期对用户进行分群，观察每

一个群体在后续 N 天的留存变化情况。

横轴是周期，以一天为一个周期，分析从一个周期到七个周期的客户留存率；

纵轴是同期群，以一天来划分不同的分组，每一个日期都确定一个同期群。

有了同期群，数据分析师就可以从横向和纵向进行比较。从横向上，数据分析师可以看到同一个用户群在之后 N 天的留存率变化；在纵向上，数据分析师可以看到不同群组在第 N 天后的留存率，可以比较各群组用户的黏性。经过分析发现，3 月 8 日注册的新用户增加了 30%左右，但是这一批用户的留存率与其他用户比较却低了 10%左右，说明免费注册用户的黏性低，忠诚度不如付费注册的用户。

8.3.2 做同期群分析的意义

1. 可细分用户，实现精准运营，提高用户留存率

同期群分析可以实现对用户的细分，比较不同细分用户在后续一段时间的变化趋势；同时，同期群分析也对处于不同生命周期的用户进行干预和管理。例如，在用户即将流失的节点开展运营活动将用户召回；同期群分析是结构化分析的进一步延伸，可以使分析结果更加精确，更能反映实际情况。

2. 可进行横纵向结合比较，量化同一群体的流失率变化情况以及不同群体的流失率差异

从横向上看，数据分析师可以分析用户行为的生命周期。随着时间的增加，用户留存率下降，最终会趋于一个稳定值，达到这个稳定值的周期就是用户流失周期，这就是著名的拐点理论。这个稳定值就代表着新进用户留存下来的比例，这些最终留下来的用户无疑就是忠实粉丝了。

从纵向上看，数据分析师可以分析不同群体在相同生命周期的留存情况，进而比较不同用户群的留存率，分析用户黏性。如果是买量用户，还可以根据已有的用户黏性数据，选择合适的买量用户。

3. 可监控真实的用户行为、衡量用户价值，有助于有针对性地制定营销方案

通过前面的分析可知，3 月 8 日免费开放注册，使用户数量得到了很大提升，但是用户留存率低、黏性差；相比之下，付费注册的用户，其留存率一直很稳定。如图 8-11 所

示，通过同期群分析，数据分析师就可以清晰地看到用户的真实行为趋势，免费用户一旦注册完，之后的留存率、活动参与率就会变低，运营人员就需要针对这一情况，开展一系列的营销活动来促使用户活跃，提升免费用户的留存率。

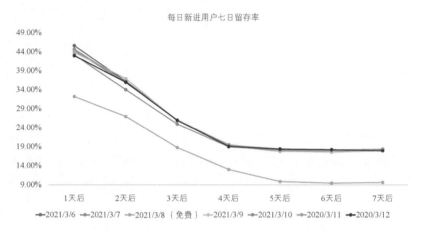

图 8-11　同期群分析揭示用户的真实行为趋势

8.3.3　数据分析师如何快速地做同期群分析

同期群分析是数据分析中常用的方法，Python、Excel、SQL 等工具都可以实现同期群分析，但在实际工作中同期群分析经常以报表的形式呈现，从而实现对业务指标的监控。

这里笔者就用 SQL 来实现同期群分析。

同样地，笔者以某付费 App 的新注册用户为例做同期群分析讲解。该 App 新注册用户的数据都放在注册表 register 中，登录数据放在登录表 login 中，两张表的字段及数据结构分别如表 8-1 和表 8-2 所示。

表 8-1　用户注册表 register

字　　段	说　　明	类　　型	示　　例
register_dt	登录日期	string	20200306
region	地区	string	CN
account_id	账号	bigint	100237645

表 8-2　用户登录表 login

字　　段	说　　明	类　　型	示　　例
login_dt	登录日期	string	20200312
region	地区	string	CN
account_id	账号	bigint	100237645

为了实现同期群分析，我们需要将注册表 register 和登录表 login 关联起来，并且计算出注册时间和登录时间相差的天数，最终形成一张中间表，如表 8-3 所示。

表 8-3　中间表示例

account_id	region	register_dt	login_dt	sub_dt
100237645	CN	20200306	20200306	0
100237645	CN	20200306	20200307	1
100237645	CN	20200306	20200308	2
100237645	CN	20200306	20200309	3
100237645	CN	20200306	20200310	4
100237645	CN	20200306	20200312	6

在关联表格的时候，笔者以注册表 register 作为主表，登录表 login 作为副表进行关联，选取 account_id 作为关联条件。另外，为了提高 SQL 的运行效率，笔者只选择注册后七日内的登录数据，这也是关联条件之一。需要注意的是，无论是注册表还是登录表中的日期都是 string 类型的，因此需要通过 to_date() 函数将其转换为日期格式，才能使用 datediff() 函数进行处理。笔者使用 Hive SQL 的语法格式，实现代码如下。

```
SELECT a.*, b.login_dt,
       datediff(to_date(b.login_dt,"yyyyMMdd"),to_date(a.register_dt,"yyyyMMdd")) AS sub_date
FROM
  (SELECT *
   FROM register)a
LEFT JOIN
  (SELECT account_id, login_dt
 FROM login) b ON a.account_id=b.account_id
AND datediff(to_date(b.login_dt,"yyyyMMdd"),to_date(a.register_dt,"yyyyMMdd"))<=7
```

有了中间表之后，笔者就可以在中间表的基础上制作同期群分析监控报表了。这里笔者通过 count() 函数和 CASE WHEN 语句嵌套使用，统计注册第 N 天后留存下来的用户数量。当然，也可以直接计算第 N 天的留存率，以注册当天的新用户数量作为分母，注册 N 天后留存下来的用户数量作为分子。这里为了方便大家查阅和理解代码，只计算留存用户数量，不再计算留存率。

```
SELECT register_dt, region, count(DISTINCT account_id) register_count,
       count(DISTINCT CASE   WHEN sub_date=1 THEN account_id   ELSE NULL END)
after_day1_count,
```

```
        count(DISTINCT  CASE  WHEN  sub_date=2  THEN  account_id  ELSE  NULL  END)
after_day2_count,
        count(DISTINCT  CASE  WHEN  sub_date=3  THEN  account_id   ELSE  NULL  END)
after_day3_count,
        count(DISTINCT  CASE     WHEN  sub_date=4  THEN  account_id  ELSE  NULL  END)
after_day4_count,
        count(DISTINCT  CASE  WHEN  sub_date=5  THEN  account_id  ELSE  NULL  END)
after_day5_count,
        count(DISTINCT  CASE  WHEN  sub_date=6  THEN  account_id   ELSE  NULL  END)
after_day6_count,
        count(DISTINCT  CASE  WHEN  sub_date=7  THEN  account_id    ELSE  NULL  END)
after_day7_count
FROM
  (SELECT a.*,   b.login_dt,
        datediff(to_date(b.login_dt,"yyyyMMdd"),to_date(a.register_dt,"yyyyMMdd")) AS sub_date
  FROM
    (SELECT *
     FROM register)a
  LEFT JOIN
    (SELECT account_id, login_dt
FROM login) b ON a.account_id=b.account_id
    AND datediff(to_date(b.login_dt,"yyyyMMdd"),to_date(a.register_dt,"yyyyMMdd"))<=7)
GROUP BY register_dt, region
```

　　这样同期群分析的监控报表就基本完成了，数据分析师只需要配置报表调度即可实现报表每天定时更新，实现同期群用户留存率的实时监控，以便在第一时间发现业务问题。

　　同期群分析是用户分群的细分方法，有利于数据分析师更深层次地分析用户行为，并揭示总体衡量指标所掩盖的问题。同期群分析在用户生命周期的分析中占有重要地位，数据分析师可以运用同期群分析的方法将数据指标细化，实现横向和纵向的比较，更有利于运营人员精准地对产品发展趋势进行预测，对用户行为进行及时的干预。同期群分析的实现极为简单，数据分析师用几行代码就可以搞定一张报表，实现对用户行为的监控。

8.4　Python 实战：基于 RFM 模型及 K-Means 算法实现用户分群

RFM 模型是用户价值分析中最为常见的模型，其核心思想是通过用户的消费间隔、消费频次、消费金额三个特征对用户进行分群，从而针对不同的群体采取不同的营销策略。K-Means 算法是常用的聚类算法之一，该算法基于 RFM 的特征实现用户分群。K-Means 算法属于机器学习模型，它基于距离计算用户群体的类别，与 RFM 模型相比，其可解释性可能稍微差一点。本节内容会以公开的线上零售数据集[1][2]为例，基于 RFM 模型及 K-Means 算法讲解用户分群过程，数据来源于加州大学（加利福尼亚大学）欧文分校的机器学习数据库。

8.4.1 RFM 模型与 K-Means 算法介绍

本次实战用到的模型是 RFM 模型及 K-Means 算法，了解模型原理能够帮助数据分析师理解实战代码。因此，在正式开始实战前，先简单地介绍一下本节用到的模型。

1. RFM 模型

RFM 模型是美国数据库营销研究所提出的用户分群模型，如图 8-12 所示，最近一次消费（Recency）、消费频率（Frequency）、消费金额（Monetary）是该模型的三个重要指标。

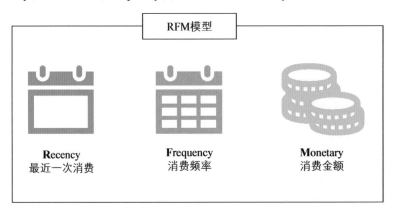

图 8-12　RFM 模型

R、F、M 三个指标分别代表了用户的忠诚度、活跃度及付费情况，根据 R、F、M 的数值，对每个维度进行一次二分，可以将用户分为八个类别。

---

① Dua D, Graff C. UCI Machine Learning Repository[EB/OL].

② Chen D, Sain S L, Guo K. Data mining for the online retail industry: A case study of RFM model-based customer segmentation using data mining[J]. Journal of Database Marketing and Customer Strategy Management, 2012,19(3):197-208.

重要价值用户：R 高、F 高、M 高，该类用户无论是忠诚度、活跃度还是付费金额都是极高的，是为产品创造营收的主要用户群体。

重要召回用户：R 高、F 低、M 高，该类用户忠诚度和付费金额较高，但是付费频率（消费频率）低，应辅以适当的运营活动，提高用户付费频率。

重要发展用户：R 低、F 高、M 高，该类用户忠诚度不够，需要加大力度发展和转化。

重要挽留用户：R 低、F 低、M 高，该类用户忠诚度不够且付费频率低，是比较容易流失的用户群体，应当重点运营以防用户流失。

除以上类别外的其余四种类别，这里就不再一一列举说明。在实际的工作场景中，数据分析师可以根据自己的需求，将用户分为 N 个不同的群组。

2．K-Means 算法

K-Means 是一类迭代求解的算法，该算法需要事先选定 K 个聚类中心，依次计算每个样本与各个聚类中心的距离，并将样本分配到距其最近的聚类中心，不断迭代直到聚类中心不再发生变化。K-Means 算法运行速度快，能够处理大量数据，但是数据分析师需要事先确定 K 的数值，K 值确定得是否合适关系到模型效果的好坏。

K 的大小一般使用三个指标来确定[6]。

1）卡琳斯基-哈拉巴斯指数

卡琳斯基-哈拉巴斯指数（Calinski-Harabaz Index）是簇间离散程度与簇内离散程度之比，它通过评估簇间方差和簇内方差来计算得分。基于聚类的目的，数据分析师希望簇内距离越小越好，簇间距离越大越好，因此卡琳斯基-哈拉巴斯指数越大越好，其值越大，代表着簇内越紧密，簇间越分散，即更优的聚类结果。

2）轮廓系数

聚类是按照簇内差异小、簇间差异大的原则将样本聚到不同的簇中的。轮廓系数（Silhouette Coefficient）是衡量聚类效果的指标。轮廓系数的取值范围为[-1,1]，其值越趋近于 1，则簇内差异越小，簇间差异越大，即内聚度和分离度都相对较优；而轮廓系数趋近于 0 时，则代表簇间差异极小。因此，数据分析师应当选择轮廓系数最大时所对应的 K 值。

3）簇内平方和

K-Means 算法的终极目的是求解能够让簇内平方和最小的质心，质心不断变化的过程也是簇内平方和不断缩小的过程。簇内平方和越小，说明聚类效果越好。通过簇内平方和求解最佳聚类数 K 值的方法也称为"手肘法"，当 K 值接近真实聚类数时簇内平方和的下降程度会骤减并随着 K 值的增大而趋于平缓，而簇内平方和与 K 值之间的关系图形状极像手肘，肘部对应的 K 值就是数据的真实聚类数。

8.4.2 RFM 模型实现用户分群

了解了 RFM 模型与 K-Means 算法之后就到了实操环节，此处使用加州大学欧文分校的机器学习数据库的线上零售数据集搭建 RFM 模型实现用户分群，与此同时将用户的 R、F、M 作为特征输入 K-Means 算法中，使用机器学习的方法实现用户分群。基于 RFM 模型和 K-Means 算法实现用户分群是两种完全不同的用户分群方法，RFM 模型基于业务更容易解释，而 K-Means 更像一个黑匣子，其业务含义解释起来可能是一门艺术。

1. 数据预处理

这一部分先利用 RFM 模型进行实战，通过如下代码实现数据读入。

```
import pandas as pd
import numpy as np
import datetime as dt
data= pd.read_excel('Online_Retail.xlsx')
data.head()
```

如图 8-13 所示，读入数据之后，我们可以看到该数据集包含了订单号、邮编、商品信息、数量、下单时间、商品价格、用户编号及国家八个字段。

	InvoiceNo	StockCode	Description	Quantity	InvoiceDate	UnitPrice	CustomerID	Country
0	536365	85123A	WHITE HANGING HEART T-LIGHT HOLDER	6	2010-12-01 08:26:00	2.55	17850.0	United Kingdom
1	536365	71053	WHITE METAL LANTERN	6	2010-12-01 08:26:00	3.39	17850.0	United Kingdom
2	536365	84406B	CREAM CUPID HEARTS COAT HANGER	8	2010-12-01 08:26:00	2.75	17850.0	United Kingdom
3	536365	84029G	KNITTED UNION FLAG HOT WATER BOTTLE	6	2010-12-01 08:26:00	3.39	17850.0	United Kingdom
4	536365	84029E	RED WOOLLY HOTTIE WHITE HEART.	6	2010-12-01 08:26:00	3.39	17850.0	United Kingdom

图 8-13　电商数据展示

接下来就需要检查模型中用到的关键字段是否存在异常数据并将异常数据剔除，实现代码如下。

```
data[['Quantity','UnitPrice']].describe().T
```

	count	mean	std	min	25%	50%	75%	max
Quantity	541909.0	9.55	218.08	-80995.00	1.00	3.00	10.00	80995.0
UnitPrice	541909.0	4.611	96.76	-11062.06	1.25	2.08	4.13	38970.0

从上面的结果可见，商品数量及商品价格这两个字段中存在一些脏数据，比如商品数量和商品价格为负数的情况，对于这些数据，笔者予以删除，实现代码如下。

```
data=data.loc[data['Quantity']>=0]
data=data.loc[data['UnitPrice']>=0]
```

对于下单时间这个字段，原始数据给出精确到秒的数据，但是对于建立 RFM 模型只需用精确到天的数据，因此需要对时间数据进行处理，实现代码如下。

```
data['InvoiceDate'] = pd.to_datetime(data['InvoiceDate'].apply(lambda x:x.date()))
```

到此为止，数据预处理部分基本结束，接下来就是计算 RFM 模型需要用到的各类指标。

2.　RFM 模型相关指标计算

数据清洗完后，我们需要计算每一位用户最近一次消费距上次的间隔（Recency）、消费频率（Frequency）及消费金额（Monetary）三个关键指标。

首先，通过如下代码计算每一个用户消费的总金额。

```
data['TotalAmount'] = data['Quantity'] * data['UnitPrice']
```

在计算消费间隔之前需要选定一个背景时间作为统计日，此处将统计时间定为最大日期之后一天。将背景时间赋值给变量，同时创建计算用户消费时间间隔的函数，实现代码如下。

```
cal_date = max(data.InvoiceDate) + dt.timedelta(days=1)
#计算时间间隔
def cal_frequency(date):
    return (cal_date-date.max()).days
```

处理好时间之后，直接通过 groupby()函数计算每一个用户的 R、F、M 值，实现代码如下。

```
#计算 RFM 值
rfm = data.groupby(['CustomerID']).agg({'InvoiceDate': cal_frequency, 'InvoiceNo': 'count', 'TotalAmount':
'sum'}).sort_index(ascending=True)

#字段重命名
rfm.rename(columns = {'InvoiceDate': 'Recency', 'InvoiceNo': 'Frequency', 'TotalAmount': 'Monetary'},
inplace=True)

#数据结果展示
rfm.head()
```

	Recency	Frequency	Monetary
CustomerID			
12346.0	326	1	77183.60
12347.0	3	182	4310.00
12348.0	76	31	1797.24
12349.0	19	73	1757.55
12350.0	311	17	334.40

3. 查看 R、F、M 指标数据分布情况

计算出各个用户的 R、F、M 值之后，通过 R、F、M 指标的核密度曲线查看数据基本情况，实现代码如下。

```
import matplotlib.pyplot as plt
import seaborn as sns

#查看数据分布的函数
def data_distribution(keyvalue,data):
    plt.figure(figsize = (18,4),dpi=600)
    j=1
    for i in keyvalue:
        plt.subplot(1,3,j)
        sns.distplot(data[i])
        plt.title(i,fontsize = 15)
        j+=1

keyvalue=['Recency', 'Frequency', 'Monetary']
```

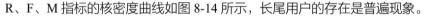

```
data_distribution(keyvalue,rfm)
```

R、F、M 指标的核密度曲线如图 8-14 所示，长尾用户的存在是普遍现象。

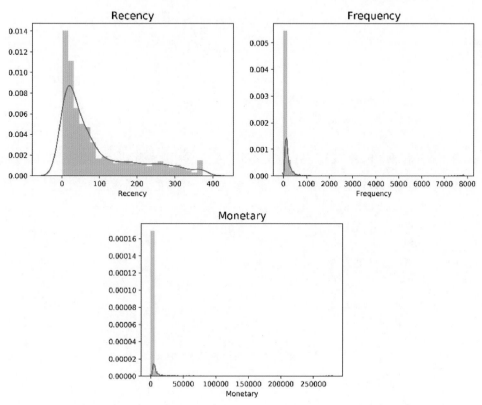

图 8-14　用户 RFM 核密度图

4. 对数据进行分箱处理，计算 RFM 分数实现用户分群

有了各个用户的 R、F、M 值之后，数据分析师就需要根据 R、F、M 特征对用户进行分群。此处按照用户 R、F、M 值的四分之一中位数、二分之一中位数、四分之三中位数分别将三个特征分成四个组别，组别代表用户在该特征下的得分情况。例如，用户在 F 特征下被分到了 2 组，则意味着该用户在购买频率这一项打分中获得 2 分。数据分析师希望用户的 F、M 特征越大越好，而 R 特征越小越好，所以对于 R 值大的用户，需要赋予更低的分数，实现代码如下。

```
#按照各个数值的四分之一、二分之一、四分之三中位数进行数据分类
labels= list(range(1,5))
```

```
labels_reverse = list(range(4,0,-1))

Rquartiles = pd.qcut(rfm['Recency'],4,labels=labels_reverse)
rfm = rfm.assign(R = Rquartiles.values)

Fquartiles = pd.qcut(rfm['Frequency'],4,labels=labels)
rfm = rfm.assign(F = Fquartiles.values)

Mquartiles = pd.qcut(rfm['Monetary'],4,labels=labels)
rfm = rfm.assign(M = Mquartiles.values)
```

有了用户在 R、F、M 各个特征上的得分，数据分析师就可以计算用户整体的 RFM
总分数，并根据总分数的四分之一中位数、二分之一中位数、四分之三中位数将用户分
成四个组别，同时按照分数大小为用户打上对应的标签，实现代码如下。

```
#计算用户 RFM 总分数
rfm['RFM_Score'] = rfm[['R','F','M']].sum(axis=1)
#按照分数排名给用户打上标签
labels=['general', 'sliver', 'gold', 'diamond']
RFM_Score=pd.qcut(rfm['RFM_Score'],4,labels=labels)
```

有了用户标签之后，数据分析师可以将标签与用户 RFM 相关信息进行映射，并且计
算每一个标签下面的用户有多少，实现代码如下。

```
#用户标签与原始数据映射
rfm = rfm.assign(Category =RFM_Score.values).sort_index(ascending=True)

# 数据结果展示
rfm.head()
```

CustomerID	Recency	Frequency	Monetary	R	F	M	RFM_Score	Category
12346.0	326	1	77183.60	1	1	4	6.0	sliver
12347.0	3	182	4310.00	4	4	4	12.0	diamond
12348.0	76	31	1797.24	2	2	4	8.0	gold
12349.0	19	73	1757.55	3	3	4	10.0	gold
12350.0	311	17	334.40	1	1	2	4.0	general

```
# 计算各类用户的数量
rfm['Category'].value_counts().sort_index(ascending=True)

general      1287
sliver        917
gold          1300
diamond       835
Name: Category, dtype: int64
```

由 RFM 模型的分析结果可见，普通用户有 1287 名，银牌用户有 917 名，金牌用户有 1300 名，钻石用户有 835 名。

到此为止，基于 RFM 模型的分析全部结束。RFM 模型的最大优点是基于业务，可解释性强。下一部分，笔者将会用机器学习算法 K-Means 实现用户分群。

8.4.3 K-Means 算法实现用户分群

这一部分内容基于用户 R、F、M 特征，使用 K-Means 算法实现用户分群。K-Means 算法的实现步骤包括数据归一化处理、确定 K 值、聚类效果评估及聚类含义解释四个步骤，下面会详细介绍每一个步骤的实战细节。

1. 数据归一化处理

K-Means 算法用到的数据是 8.4.2 节已经计算好的用户 R、F、M 特征数据。首先，从原数据中选出所需的字段，并将这些数据进行备份，以便以后使用，实现代码如下。

```
#在 K-means 聚类之前，先对数据进行归一化处理
from sklearn import preprocessing
from sklearn.cluster import KMeans
from sklearn import metrics
from mpl_toolkits.mplot3d import Axes3D
data_kmeans=rfm[['Recency','Frequency','Monetary']]
#在正式处理数据之前保留一份原始数据，以便以后使用
original=data_kmeans.copy()
```

在进行聚类之前，数据分析师需要对用户 R、F、M 特征数据进行归一化处理。由于不同用户的 R、F、M 特征值相差较大，所以需要将不同量级的数据转换到同一量级。归

一化处理分为两个步骤进行，首先对数据进行 log（$x+1$）变换，缩小用户间 R、F、M 值的区间范围，其次通过 Z-Score 变换将用户 R、F、M 特征值映射到 $N(0,1)$ 的正态分布，具体实现代码如下。

```
#先通过 log 变换对数据进行处理
data_kmeans= np.log(data_kmeans+1)
```

```
#Z-Score 标准化
Model = preprocessing.StandardScaler()
data_kmeans[['Recency','Frequency','Monetary']] = Model.fit_transform(data_kmeans[['Recency',
'Frequency','Monetary']])
```

完成数据归一化之后，再次查看数据分布，实现代码如下。

```
#查看数据分布
keyvalue=['Recency', 'Frequency', 'Monetary']
data_distribution(keyvalue,data_kmeans)
```

如图 8-15 所示，除用户的 R 特征外，其余两个特征 F、M 归一化后的数据分布基本符合 $N(0,1)$ 的正态分布。

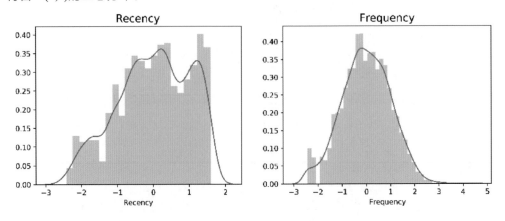

图 8-15 数据归一化后用户 R、F、M 特征的核密度图

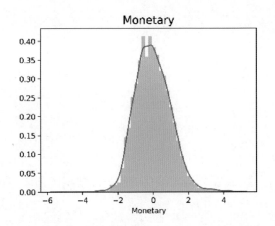

图 8-15　数据归一化后用户 R、F、M 特征的核密度图（续）

2．确定 K 值

完成数据归一化之后，就可以正式进行 K-Means 聚类分析。做 K-Means 聚类分析的第一步是确定聚类数 K。在 8.4.1 节中已经介绍了三种确定聚类数 K 的方法，分别是卡琳斯基-哈拉巴斯指数法、轮廓系数法及簇内平方和法，此处会使用三种方法一起确定聚类数 K，具体实现代码如下。

```
inertia = []
ch_score = []
ss_score = []
x = np.array(data_kmeans[['Recency', 'Frequency', 'Monetary']])
for k in range(2,11):
    model = KMeans(n_clusters = k, init = 'k-means++',max_iter = 1000,random_state=123).fit(x)
    pre = model.predict(x)
    ch = metrics.calinski_harabaz_score(x,pre)
    ss = metrics.silhouette_score(x,pre)
    inertia.append(model.inertia_)
    ch_score.append(ch)
ss_score.append(ss)

score = pd.Series([ch_score,ss_score,inertia],index = ['ch_score','ss_score','inertia'])
key = score.index.tolist()
plt.figure(figsize = (15,6))
j = 1
for i in key:
```

```
        plt.subplot(1,3,j)
        plt.plot(list(range(2,11)),score[i])
        plt.xlabel('n_cluster',fontsize = 13)
        plt.ylabel(f'{i}',fontsize = 13)
        plt.title(f'{i}',fontsize = 15)
        j+=1
plt.subplots_adjust(wspace = 0.3)
```

最终，三个聚类指标随不同聚类数 *K* 变化的趋势如图 8-16 所示，根据三个指标综合评判，选择 *K*=4 较为合适。

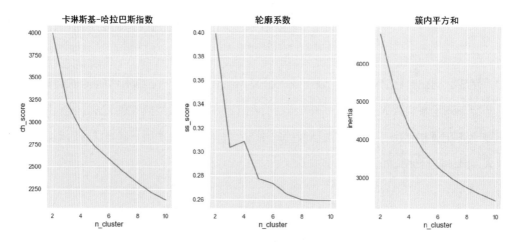

图 8-16　三个聚类指标随聚类数 *K* 变化的趋势

确定 *K* 值之后，就可以进行 **K-Means** 聚类分析并计算聚类中心，实现代码如下。

```
#根据图 8-16 所示指标可见，当 K=4 时指标有较为明显的变化趋势
model = KMeans(n_clusters=4,max_iter=1000,random_state=123).fit(x)
labels=pd.DataFrame(model.labels_,columns = ['Category'])
kmeans_result = pd.concat([pd.DataFrame(model.cluster_centers_),labels['Category'].value_counts().sort_
index()],axis = 1)
kmeans_result.columns = ['Recency', 'Frequency', 'Monetary','Category']
kmeans_result
```

	Recency	Frequency	Monetary	Category
0	0.897896	-0.992690	-0.922628	1351
1	-1.136447	1.237419	1.276254	893

| 2 | 0.417121 | 0.363217 | 0.331725 | 1187 |
| 3 | -0.761870 | -0.215753 | -0.317099 | 908 |

由上述结果可见，K-Means 聚类分析将用户分成了四类并且展示了每一类的用户数，但是这个分类效果到底如何，每一个到底代表什么特质的用户，我们现在还不得而知，还需要后面继续分析才能得出结论。

3. 评估聚类效果

为了评估聚类效果如何，笔者通过数据可视化的方式展示了 K-Means 聚类效果，实现代码如下。

```
#将原始数据与标签进行关联
data_kmeans['Category'] = model.labels_
df=data_kmeans

#聚类结果三维展示
plt.figure(figsize=(15,6))
ax = plt.subplot(121, projection='3d')
df_label0 = df.loc[df.Category==0,]
df_label1 = df.loc[df.Category==1,]
df_label2 = df.loc[df.Category==2,]
df_label3 = df.loc[df.Category==3,]
ax.scatter(df_label0[['Recency']], df_label0[['Frequency']], df_label0[['Monetary']], c='y')
ax.scatter(df_label1[['Recency']], df_label1[['Frequency']], df_label1[['Monetary']], c='r')
ax.scatter(df_label2[['Recency']], df_label2[['Frequency']], df_label2[['Monetary']], c='g')
ax.scatter(df_label3[['Recency']], df_label3[['Frequency']], df_label3[['Monetary']], c='b')
```

最终展示结果如图 8-17 所示，四个类别有较为清晰的界限，特征相近的用户基本能聚到同一类中。除了可视化，还可以通过一些特定指标评价 K-Means 的聚类效果，这里就不再赘述。

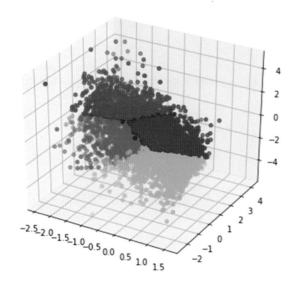

图 8-17　聚类效果展示

4. 聚类含义解释

K-Means 属于机器学习算法之一，其运行过程犹如一个黑匣子，并不像 RFM 模型那样具有很强的可解释性。因此，解释每一个类别的含义成为 K-Means 下游分析的重中之重。

用于 K-Means 聚类的数据都是经过归一化处理的，直接去看归一化后的数据对于业务含义的理解是不利的，所以此处将用户的 K-Means 分类标签映射到未归一化的数据，并且计算出 R、F、M 每个特征的中位数，实现代码如下。

```
#R、F、M 的中位数及对应簇 cluster 的人数
original['Category'] = model.labels_
original_final=original.groupby("Category").agg({'Recency':'median', 'Frequency':'median', 'Monetary':'median'})
original_final = pd.concat([original_final,original['Category'].value_counts().sort_index()],axis = 1)
original_final
```

	Recency	Frequency	Monetary	Category
0	186	12	240.55	1351
1	10	188	3122.04	893
2	75	66	1056.44	1187
3	19	33	499.11	908

从各类别 R、F、M 特征的中位数来看，组别为 0 的用户可能是付费能力较低的普通

用户；组别为 1 的用户可能是付费能力较强且活跃度、忠诚度极高的钻石用户；组别为 2 的用户可能是略次于组别为 1 用户的金牌用户；组别为 3 的用户是付费能力略强于组别为 0 用户的银牌用户。这是基于用户 R、F、M 特征的中位数给出的初步判断，结果到底如何，接着往下分析。

要判断各组用户的业务属性，最方便的方法是统计用户在 R、F、M 三个特征下的数据分布。对于用户消费金额 M 来说，其数值较为多样化，需要将其按照一定的规则进行分箱处理，再统计数据分布才较为合理。因此，先计算了用户在 M 特征下的最大、最小值情况，在最大、最小值区间内以 100 为间距，将用户原始的消费金额数据映射到各个区间，实现代码如下。

```
original_reset=original.reset_index()
#消费金额大小不等，以 100 为间距对消费金额进行分箱处理
print('Min   = {}, Max   = {}'.format(min(original_reset.Monetary   ), max(original_reset.Monetary)))


Min   = 0.0, Max   = 280206.01999999984


x=range(100,280400,100)
Monetary_1 = pd.cut(original_reset['Monetary'],len(x),labels=x)
original_reset= original_reset.assign(M1 = Monetary_1.values)
```

完成用户消费金额 M 的分箱之后就可以分别对各类特征求分布，其实现过程还是调用 groupby()函数，实现代码如下。

```
data_r=original_reset.groupby(["Recency","Category"]).agg({'CustomerID':'count'}).reset_index()
data_r.rename(columns = {'Recency': 'R', 'Category':'Category', 'CustomerID': 'Count'}, inplace=True)

data_f=original_reset.groupby(["Frequency","Category"]).agg({'CustomerID':'count'}).reset_index()
data_f.rename(columns = {'Frequency': 'F', 'Category':'Category', 'CustomerID': 'Count'}, inplace=True)

data_m=original_reset.groupby(["M1","Category"]).agg({'CustomerID':'count'}).reset_index()
data_m.rename(columns = {'M1': 'M', 'Category':'Category', 'CustomerID': 'Count'}, inplace=True)
```

最后就是将四个类型的用户在各个特征下的数据分布情况进行可视化。

四个类型的用户在消费间隔 R 特征下的数据分布情况可视化实现代码如下。

```
#绘制 R 下四个类型的可视化图形
```

```
plt.figure(figsize=(15,15))
ax = plt.subplot(3,4,1)
ax.plot(data_r.loc[data_r.Category==0,'R'],data_r.loc[data_r.Category==0,'Count'],c='y',label='0')
ax.legend(fontsize='medium')
plt.title("R Distribution")
ax = plt.subplot(3,4,2)
ax.plot(data_r.loc[data_r.Category==1,'R'],data_r.loc[data_r.Category==1,'Count'],c='r',label='1')
ax.legend(fontsize='medium')
plt.title("R Distribution")
ax = plt.subplot(3,4,3)
ax.plot(data_r.loc[data_r.Category==2,'R'],data_r.loc[data_r.Category==2,'Count'],c='g',label='2')
ax.legend(fontsize='medium')
plt.title("R Distribution")
ax = plt.subplot(3,4,4)
ax.plot(data_r.loc[data_r.Category==3,'R'],data_r.loc[data_r.Category==3,'Count'],c='b',label='3')
ax.legend(fontsize='medium')
plt.title("R Distribution")
```

四个类型的用户在消费频率 F 特征下的数据分布情况可视化实现代码如下。

```
#绘制 F 下四个类型的可视化图形
ax = plt.subplot(3,4,5)
ax.plot(data_f.loc[data_f.Category==0,'F'],data_f.loc[data_f.Category==0,'Count'],c='y',label='0')
ax.legend(fontsize='medium')
plt.title("F Distribution")

ax = plt.subplot(3,4,6)
ax.plot(data_f.loc[data_f.Category==1,'F'],data_f.loc[data_f.Category==1,'Count'],c='r',label='1')
ax.legend(fontsize='medium')
plt.title("F Distribution")
plt.xlim(0,550)

ax = plt.subplot(3,4,7)
ax.plot(data_f.loc[data_f.Category==2,'F'],data_f.loc[data_f.Category==2,'Count'],c='g',label='2')
ax.legend(fontsize='medium')
plt.title("F Distribution")
plt.xlim(0,120)
ax = plt.subplot(3,4,8)
```

```
ax.plot(data_f.loc[data_f.Category==3,'F'],data_f.loc[data_f.Category==3,'Count'],c='b',label='3')
ax.legend(fontsize='medium')
plt.title("F Distribution")
plt.xlim(0,300)
```

四个类型的用户在消费金额 M 特征下的数据分布情况可视化实现代码如下。

```
#绘制 M 下四个类型的可视化图形
ax = plt.subplot(3,4,9)
ax.plot(data_m.loc[data_m.Category==0,'M'].astype("int"),data_m.loc[data_m.Category==0,'Count'],c='y'
,label='0')
plt.xlim(50,2000)
ax.legend(fontsize='medium')
plt.title("M Distribution")


ax = plt.subplot(3,4,10)
ax.plot(data_m.loc[data_m.Category==1,'M'].astype("int"),data_m.loc[data_m.Category==1,'Count'],c='r',
label='1')
ax.legend(fontsize='medium')
plt.title("M Distribution")
plt.xlim(50,20000)


ax = plt.subplot(3,4,11)
ax.plot(data_m.loc[data_m.Category==2,'M'].astype("int"),data_m.loc[data_m.Category==2,'Count'],c='g',
label='2')
ax.legend(fontsize='medium')
plt.title("M Distribution")
plt.xlim(50,2000)


ax = plt.subplot(3,4,12)
ax.plot(data_m.loc[data_m.Category==3,'M'].astype("int"),data_m.loc[data_m.Category==3,'Count'],c='b',
label='3')
ax.legend(fontsize='medium')
plt.title("M Distribution")
plt.xlim(50,6000)
```

最后，不同类型用户在各个特征下的数据分布如图 8-18 所示。

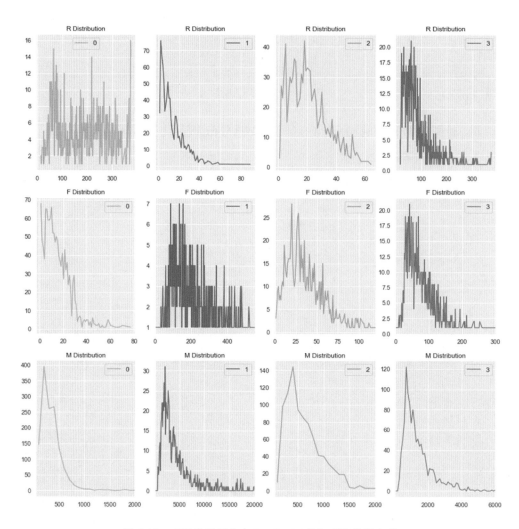

图 8-18　不同类型用户在 R、F、M 特征下的数据分布

由上述的分析结果可以看到，Category=0 组的用户是消费频率低、消费间隔长、消费金额低的用户，因此笔者认为该类用户群体的价值较低，是较为普通的客户；Category=1 的用户是消费频率高、消费间隔短、消费金额高的用户，因此可以认为该类用户群体的价值最高，是优质的钻石客户；Category=2 的用户，消费频率、消费金额略高于 Category=0 的用户，消费间隔明显低于 Category=0 的用户，因此可以认为 Category=2 的用户是较优的银牌用户；Category=3 用户的消费频率、消费金额、消费间隔在 Category=1 的用户和 Category=2 的用户之间，因此可以认为 Category=3 的用户是优质的金牌用户。

第9章　相关与因果

相关思维也是数据分析中较为常用的分析思维。在数据分析师日常的工作中，经常需要探究两个或者多个变量之间的相关性。但是相关性并不等于因果性，因此基于相关性，数据分析师还会开展一系列的因果性分析。本章会围绕相关性与因果性展开，介绍分析相关性的方法并通过 Python 计算相关系数。除此之外，还会介绍因果推断相关的方法论以及通过 DoWhy 开源框架进行因果推断。

9.1　相关性分析简介

相关性分析是数据分析中较为常用的方法，数据分析师在日常工作中经常会使用该方法。举个例子，对于游戏用户留存分析来说，数据分析师会去探讨用户在线时长、好友组队、比赛场次等多种因素与用户留存之间的相关性，以辅助运营人员或产品专员及时调整策略提升用户留存率。这一节会围绕相关性分析展开，首先简单介绍相关性的衡量标准，即相关性系数；其次介绍常用的三种相关性系数；最后通过实战案例演示相关性系数的求解过程。

9.1.1　相关性分析与相关系数

相关性分析是指对两个或者多个具备相关性的变量进行分析。变量之间需要存在一定联系才可以进行相关性分析。

两变量的相关关系有三种，即正相关、负相关、不相关。假设有两个变量 x 和 y，假如 y 随 x 的增大而增大，那么 x 和 y 呈现正相关关系；如果 y 随 x 的增大而减小，那么 x 和 y 呈现负相关关系；如果 x 的变化对于 y 没有明显影响，那么这两个变量不相关。衡量两个变量相关程度的指标是相关系数。一般用字母 r 表示，其值在-1 到 1 之间。

当 $r>0$ 时，两变量之间呈现正相关关系；当 $r=0$ 时，两变量之间无线性相关关系；当 $r<0$ 时，两变量之间呈现负相关关系。

对于正相关和负相关关系来说，其相关系数 r 的范围分别是(0,1]和[-1,0)，对于这两个区间还可以进一步地细分，细分结果如表 9-1 所示。

表 9-1　相关系数与相关性的对应关系[7]

区　　间	相 关 程 度
$\lvert r \rvert > 0.5$	强
$0.3 < \lvert r \rvert < 0.5$	中等
$0.1 < \lvert r \rvert < 0.3$	很小
$\lvert r \rvert < 0.1$	相关性极弱，可认为不相关

9.1.2　常用的三种相关系数

在数据分析中，常用的相关系数有三种，即皮尔森相关系数、斯皮尔曼相关系数、肯德尔相关系数，这一部分会详细介绍各类相关系数的计算公式及适用场景。

1. 皮尔逊相关系数

皮尔逊（Pearson）相关系数也称为积差相关系数，用于度量两个变量 x 和 y 之间的线性相关程度。在正式介绍皮尔逊相关系数之前，我们有必要先了解协方差的概念。协方差表示两变量总体的误差，通俗易懂的解释就是两个变量 x, y 在变化过程中是同向的还是反向的。x 变大，y 也变大，此时协方差为正；x 变大，同时 y 变小，此时协方差为负。其计算公式如公式（9.1）所示：

$$\mathrm{Cov} = \sum_{i=1}^{n} \left(x_i - \bar{x} \right)\left(y_i - \bar{y} \right) \tag{9.1}$$

从上面的描述中，我们知道协方差可以用来表示两变量之间的相关性，但协方差的值会随着量纲的变化而变化，因此提出了皮尔逊相关系数的概念。皮尔逊相关系数是通过变量 x, y 的协方差除以 x, y 的标准差的乘积来消除量纲的影响的。从另一个角度来说，皮尔逊相关系数是一种特殊形式的协方差，其计算公式如公式（9.2）所示[7]。

$$r = \mathrm{Corr}\left(x, y \right) = \frac{\mathrm{Cov}\left(x, y \right)}{\delta_x \delta_y} = \frac{\sum_{i=1}^{n} \left(x_i - \bar{x} \right)\left(y_i - \bar{y} \right)}{\sqrt{\left(\sum_{i=1}^{n} \left(x_i - \bar{x} \right) \right)^2}\sqrt{\left(\sum_{i=1}^{n} \left(y_i - \bar{y} \right) \right)^2}} \tag{9.2}$$

只有当两个变量 x, y 满足以下条件，皮尔逊相关系数才适用：

（1）两变量 x, y 之间是连续数据，且呈现线性关系。

（2）两变量 x, y 的总体的数据分布是正态分布，或者接近正态的单峰分布。

（3）两变量 x, y 的观测值是成对的，每对观测值之间相互独立。

2. 斯皮尔曼相关系数

斯皮尔曼（Spearman）相关系数是一种秩相关系数。"秩"可以理解成一种顺序或者排序。该系数与皮尔逊相关系数类似，只不过把变量 x,y 的坐标换成各自的秩，即变量 x，y 的等级。斯皮尔曼相关系数是通过对两个等级变量 x,y 作差进行计算的，其本质是等级变量之间的皮尔逊相关系数。因此斯皮尔曼相关系数也称为"等级差数法"，它是一种无参数的检验方法，即与数据分布无关。对于样本容量为 n 的样本，n 个原始数据被转换成等级数据，则其相关系数计算公式如公式（9.3）所示，d_i 为两个等级变量 x,y 的差[7]。

$$r = 1 - \frac{6\sum_{i=1}^{n} d_i^2}{n(n^2-1)} \tag{9.3}$$

斯皮尔曼相关系数的适用条件不像皮尔逊相关系数那么严格，其适用条件如下：

（1）不需要考虑两变量 x,y 总体的数据分布及样本量大小。

（2）两变量 x,y 的观测值是成对的等级数据，或者是由连续变量观测值转换而来的等级数据。

3. 肯德尔相关系数

肯德尔（Kendall）相关系数也是一种秩相关系数，是用于反映分类变量的相关性的指标。对于样本容量为 n 的样本，其数据点对分别为 (x_1, y_1)，(x_2, y_2)，$\cdots$，(x_n, y_n)，那么一共有 $C_n^2 = \frac{2!(n-2)!}{n!}$ 对样本对，然后看每一对中 x，y 的观测值是否同时增大（或同时减小）。比如，考虑点 (x_1, y_1)，(x_2, y_2)，可以计算乘积 $(x_2 - x_1)(y_2 - y_1)$ 是否大于 0，如果大于 0，则说明 x,y 同时增大或者同时减小，称这两点为协同（Concordant）点，否则为不协同（Disconcordant）点。如果协同点数多一些，两变量更加正相关一些；如果两变量不协同点数多一些，则两变量更加负相关一些；如果既不正相关，也不负相关，则不相关[7]。

肯德尔相关系数的取值范围是 -1～1，当其值等于 1 时，表示两随机变量拥有一致的等级相关性；当其值为 -1 时，表示两随机变量拥有相反的等级相关性；当其值等于 0 时，表示两随机变量是相互独立的[7]。肯德尔相关系数适用于两变量 x,y 为有序分类的情况。

9.1.3 相关系数实战

学完理论知识部分，就到了实战演练的环节。此处使用 Python 中 Seaborn 模块自带的汽车油耗 mpg 数据集作为实战数据。

首先需要导入相关的模块并读入 mpg 数据集，同时需要查看数据集相关字段。mpg 数据集字段依次是 mpg 每英里耗油量（单位：加仑）、cylinders 气缸、displacement 排量、horsepower 马力、weight 重量、acceleration 加速度、model_year 车型、origin 产地及 name 车名共 9 个变量，各个字段前五行已经在如下代码中展示。

```
import numpy as np
import pandas as pd
import matplotlib.pyplot as plt
import seaborn as sns
mpg = sns.load_dataset("mpg")
mpg.head()
```

	mpg	cylinders	displacement	horsepower	weight	acceleration
0	18.0	8	307.0	130.0	3504	12.0
1	15.0	8	350.0	165.0	3693	11.5
2	18.0	8	318.0	150.0	3436	11.0
3	16.0	8	304.0	150.0	3433	12.0
4	17.0	8	302.0	140.0	3449	10.5

	model_year	origin	name
0	70	usa	chevrolet chevelle malibu
1	70	usa	buick skylark 320
2	70	usa	plymouth satellite
3	70	usa	amc rebel sst
4	70	usa	ford torino

了解了数据集的基本信息之后，可以通过如下代码查看全部变量两两之间的相关关系。

```
sns.set(style="darkgrid")
sns.pairplot(mpg)
```

不同变量之间的相关关系如图 9-1 所示。通过数据可视化的方式可以初步判断各个变量呈现正相关关系、负相关关系还是不相关关系。例如排量与重量、马力呈一定正相关关系，而和每英里耗油量呈一定负相关关系，与车型呈现不相关关系。但是要精确量化变量两两之间的相关关系，还得计算相关系数。

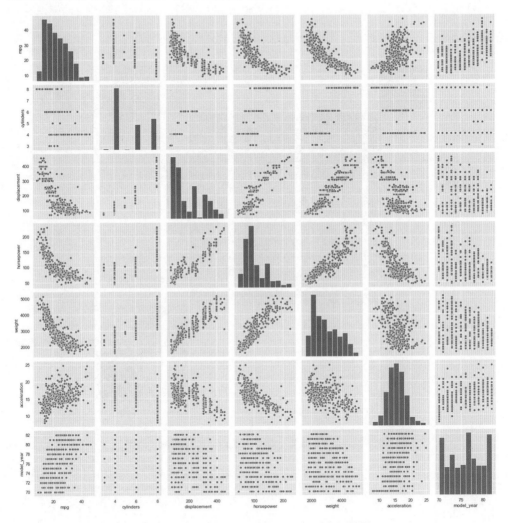

图 9-1　mpg 数据集全部变量两两之间的相关关系

　　如下代码实现了变量两两之间的相关系数的计算，并且通过热图进行可视化，结果如图 9-2 所示。

```
fig = plt.figure(figsize=(10,8),dpi= 300)
ax = sns.heatmap(mpg.corr(), cmap="YlGnBu",
        linecolor='black', lw=.65,annot=True, alpha=.95)
```

```
ax.set_xticklabels([x for x in mpg.columns])
ax.set_yticklabels([y for y in mpg.columns])
plt.show()
```

从数据结果可以看到，气缸和排量、马力、重量呈高度正相关关系；汽车油耗与车型呈高度正相关关系，与气缸、排量、马力、重量呈高度负相关关系。

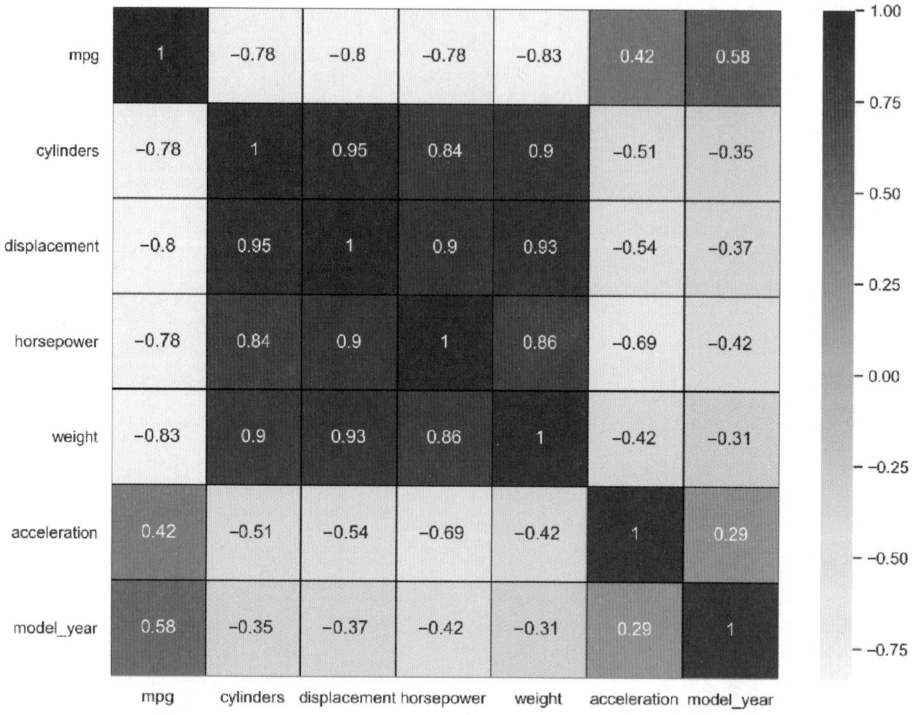

图 9-2　mpg 数据集全部变量两两之间的相关性热图

以上就是这一部分的全部内容，留一个小问题给大家思考。由上述的相关性分析得出结论，汽车油耗与气缸、排量、马力、重量呈高度负相关关系，那么是不是只要减小气缸数量、排量、马力或者重量中的任何一个，就能够使汽车油耗降低呢？

9.2 因果推断方法论

9.1 节详细介绍了相关性与相关系数并利用 mpg 数据集进行了相关性分析，很多情况下两变量之间存在相关性，但它们之间不一定存在因果性（因果关系）。因此如何确定两个变量之间是否具有因果关系也是数据分析师的必修课。在有条件进行 A/B 试验的情况下，A/B 试验是探究因果关系的最佳方法；如果不具备 A/B 试验的条件，就需要考虑因果推断了。本节会围绕因果推断展开，首先介绍几个具有相关性但是不具有因果性的案例，帮助读者理解相关性和因果性；然后重点介绍因果推断方法论。

9.2.1 相关性不等于因果性的示例

相关性很大程度上可以判断两个变量之间的关系。但是作为数据分析师，对于相关性的运用必须谨慎，因为相关性不等于因果性，相关关系不等于因果关系。

为什么会这样呢？这里举几个例子进行说明。

根据美国疾病控制预防管理中心统计数据显示，美国的自杀人数与财政在自然科学领域的投入资金呈正相关关系。财政在自然科学领域的投入资金与自杀人数之间虽然呈现正相关关系，但是两变量之间并不存在因果关系，显然美国政府不可能通过减少在自然科学领域的投入资金来降低民众自杀率。由此可见，相关关系不等于因果关系，但因果关系首先是相关关系。类似的案例很多，这里就不再一一列举。通过这个案例，你已经理解了相关性和因果性之间的关系了，知道了相关性并不等于因果性，那么如何才能确定两个变量是否具有因果关系呢？这就涉及因果推断。

9.2.2 从辛普森悖论谈因果推断

因果推断是通过引入潜在结果框架来定义因果关系的一种方法。为了说明因果推断能解决什么问题，先来看一个例子。

为了研究某种药物的治疗效果，研究员选取数名志愿者做试验。首先，研究员按照年龄将志愿者分为青年组和老年组；然后研究员依次将青年组和老年组分为对照组和试验组，对照组服用安慰剂，试验组服用药物 A。一段时间过后，观察到各组的疾病治愈率如表 9-2 所示。

表 9-2　药物试验结果数据[8]

	对照组（安慰剂）	试验组（服用药物 A）
青年组	234/270≈87%	81/87≈93%
老年组	55/80≈69%	192/263=73%
合计	289/350≈83%	273/350=78%

从以上结果可以看到，青年组中对照组的疾病治愈率为 87%，试验组的疾病治愈率

为 92%，说明药物 A 对于青年人疾病的治疗有积极的作用；老年组中对照组的疾病治愈率为 69%，试验组的疾病治愈率为 73%，同样药物 A 对于老年人疾病的治疗也有积极作用；但是从总体上看，对照组的疾病治愈率为 83%，而试验组为 78%，得出完全相反的结论——该药物对于疾病的治疗没有积极作用。为什么同样的试验从不同层面解读就会得到完全相反的结论，应该如何统计结果才是正确的呢？药物对于疾病的治愈效果到底如何？

以上的现象在统计学中称为辛普森悖论，为了解释这个现象，绘制了几个变量之间的因果图，如图 9-3 所示。

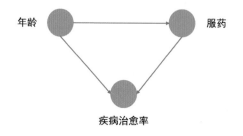

图 9-3　药物试验中变量的因果关系

不同的年龄有不同的服药意愿，不同的年龄疾病治愈率也不一样，即年龄是服药和疾病治愈的共同原因，以年龄分层的统计结果才更为合理。

但是如果要探究药物 A 的疾病治愈率，需要消除年龄这个混杂变量对于疾病治愈率的影响，如图 9-4 所示。在将年龄与疾病治愈率的相关性去掉后，如果服药与疾病治愈率之间存在相关关系，那么两变量之间就是因果关系。

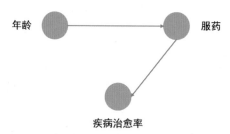

图 9-4　探究服药与疾病治愈率之间的关系

要达到这个目的，需要采取随机试验，即随机安排每个志愿者服用安慰剂或服用药物 A。随机试验是因果推断的重要方法论，在方法论部分会详细介绍。

上述辛普森悖论的思路就是基本的因果推断的分析思路，其研究要点有二：一是因果发现（Causal Discovery），即挖掘变量之间真正的因果关系，辨识并剔除伪因果关系；二是确定因果效应（Causal Effect），即确定实施干预后为观测值带来多大的提升。

9.2.3　因果推断的三个层级

因果推断的主要目的是因果发现和确定因果效应，其实现步骤是有一定理论支撑的。贝叶斯网络之父 Judea Pearl 在《为什么：关于因果关系的新科学》[9]一书中阐述了因果之梯，即因果推断的实现步骤。Pearl 将因果关系划分为三个层次，由低到高分别是关联、干预、反事实，如表 9-3 所示。

表 9-3　因果关系划分的三个层次[9]

因果推断层级	典型的活动	典型的问题	示　例
关联 （Association）	观察 （Seeing）	观察到的现象是什么？	从数据观察到什么现象？
干预 （Intervention）	行动 （Doing）	改变某个变量，结果会如何？	假如全国禁烟会如何？
反事实 （Counterfactual）	想象 （Imaging）	假设想要让结果发生变化，是否可以通过改变变量 X 实现？	要减少癌症的发病率，是不是可以通过禁止吸烟实现？

下面通过 9.2.1 节中美国的自杀人数与财政在自然科学领域的投入资金呈正相关关系的示例说明因果推断的三个层次。

第一层，观察到相关性，自杀人数与自然科学领域投入资金呈正相关关系。

第二层，开始干预，政府在自然科学领域投入更多的资金，是不是自杀人数也会随之增多？当然不是！

第三层，反事实推理，如果想要减少自杀人数，是不是减少政府在自然科学领域的投入资金就能实现？当然不是！

经过上述三个层次的推理可知，美国的自杀人数与财政在自然科学领域的投入资金只是相关关系，没有因果关系。

9.2.4　因果推断的方法

了解了因果推断的基础知识之后，下面就介绍因果推断方法论。因果推断是一系列方法的统称，为了方便读者结构性地理解因果推断的方法论，笔者将其分为两类：第一类是用于试验数据的方法；第二类是用于观测数据的方法。这些方法并不是互斥的，很多情况下可以使用多种方法解决同一问题。

1. 试验数据的因果推断方法论

随机试验是证明因果关系最简单有效的方法，因果推断能够处理试验数据的复杂性，并且能够为数据分析师提供更多的视角以分析试验干预对结果造成的影响。将试验数据的因果推断方法论总结为图 9-5。

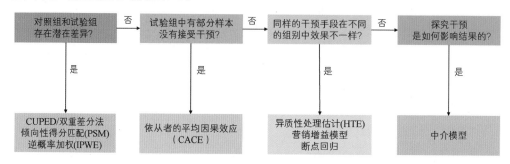

图 9-5　试验数据的因果推断方法论

在进行随机试验时，对照组和试验组仍然可能存在一些潜在的差异，这些潜在的差异可能是由数据噪声引起的。如果存在这种情况，可以利用试验前的无偏数据对试验核心指标进行修正（Controlled-Experiment Using Pre-Experiment Data，CUPED）[10]，而双重差分法（Difference-in-Differences）是 CUPED 的一种特殊情况。当然在实际工作中完全随机化的条件很难达到，从而会存在一定的潜在偏差，这时候可以通过倾向性得分匹配（Propensity Score Matching ，PSM）或者逆概率加权（Inverse Probability Weighting，IPW）进行因果推断。

随机试验在实施过程中可能受到多种因素的影响，例如，试验组的样本并未接受干预，如果只分析试验组中接受干预的样本数据，无疑会存在"幸存者偏差"。为了避免"幸存者偏差"，可以考虑将对照组与试验组进行比较，但是试验组中未接受干预的样本会削弱试验效果。面对这种情况可以使用依从者的平均因果效应（Complier Average Causal Effect，CACE）法进行因果推断[11, 12]，该方法是工具变量（Instrumental Variable）法的一种[12, 13]。

在随机试验时，每个样本都有自己的偏好和需求，因此可能存在同样的干预手段在不同组别中效果不一样的现象。面对这类情况，可以使用异质性处理估计（Heterogeneous Treatment Estimation，HTE）法[14, 15]。另外，营销增益模型（Uplift Model）及分位数回归

（Quantile Regression）法[16]在该情况下也适用。如果想要探究干预是如何影响结果的，可以选择中介模型（Mediation Model），该模型可以打开试验干预与结果之间的黑匣子，以揭示潜在机制。

2. 观测数据的因果推断方法论

很多情况下随机试验的条件并不容易达成，而且随机试验很可能会影响用户体验。除此之外，随机试验的时间成本和经济成本都很高。将通过观察数据进行因果推断的方法论及适用场景总结为图 9-6。

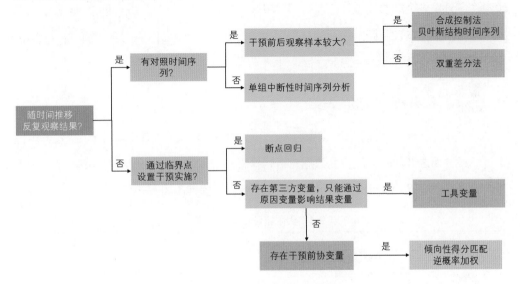

图 9-6　观测数据的因果推断方法论

各类方法及其适用场景，此处就不再一一赘述，仅介绍几种常用的方法。

断点回归（Regression Discontinuity）是一种接近于准自然试验的设计，其基本思想是将某一连续变量随机进行分段，分析断点前后结果变量是否存在差异[17]。举个例子来说，高考一本线可近似认为是一个断点，研究考上一本和未考上一本对未来收入的影响可近似认为是一个断点回归模型[17]。

双重差分法（Differences-in-Differences）又称"倍差法"，也称"差中差"，是因果推断的重要利器。双重差分法的主要思想是通过对比干预前后结果变量之间的差异，衡量干预行为的效果[10]。双重差分法可用于研究商品价格调整前后客户购买率及复购率的差异。

合成控制法（Synthetic Control Method，SCM）是基于反事实框架的因果推断方法，该方法最初用于评估某个政策在某国家或地区实施的效果[18]。以评估某政策在某区域的实施效果为例，如果使用合成控制法进行因果推断，其实施过程如下。首先，假设该地区没有受到干预，数据分析师通过其他相似的地区合成一个新的地区作为对照组；然后，将对照组与事实上受到干预的试验组做对比，二者之差即"处理效应"。

倾向性得分匹配（Propensity Score Matching ，PSM）也基于反事实推断理论框架，该方法主要用于减少数据偏差及混杂变量的影响，以更加合理地比较试验组和对照组。倾向性评分是一个能够反映多个混杂因素影响的综合指标，在观察性研究中，数据分析师可以将两组样本按照倾向性评分从小到大进行匹配，以达到仅用倾向性评分一个指标同时控制多个混杂因素的目的。

9.2.5 因果推断常用的框架

为了探究因果关系，数据科学家开发出了多种开源框架，如表 9-4 所示。这些开源框架支持多种因果推断的方法，为数据分析师探究不同变量之间的因果关系提供了技术支撑。除了开源框架，还有许多用于因果推断的包，这里就不再一一赘述。

表 9-4　因果推断的开源框架[8]

开 源 框 架	支持的方法	语　　言
DoWhy	PSM、IPW、回归	Python
CausalML	基于树的模型	Python
EconML	正交随机森林、深度工具变量等	Python
causalToolbox	BART 模型、因果森林、随机森林等	R

9.3 Python 实战：利用 DoWhy 框架实现因果推断

A/B 试验是探究因果关系的最优方法，但是在很多应用场景无法实施 A/B 试验。面对不能进行 A/B 试验的场景，因果推断为数据分析师提供了探索多个变量之间因果关系的可能性。本节将会介绍微软提出的因果推断开源框架 DoWhy 并通过该框架探究影响用户取消酒店预订的关键因素。

9.3.1　DoWhy 因果推断框架简介

DoWhy 是微软提出的基于"图模型"和"潜在结果模型"的开源框架，该框架通过图模型对假设进行建模并且识别非参数的因果效应。DoWhy 分析流程可以拆分为四个步骤，即建模、识别、估计、反驳[19]。

在因果推断建模时，数据分析师利用先验知识对变量之间的关系做出假设并作为模型的输入，DoWhy 框架将先验知识编码为因果图；识别因果效应是因果推断的关键步骤，DoWhy 框架用基于图的方法识别变量间的因果效应；接下来是估计，即通过统计学的方法对因果效应进行估计；最后是反驳，即通过鲁棒性（稳健性）验证估计的正确性。

DoWhy 框架有着其独特的优势。第一，它提供了将先验假设转换为因果图的方法，以方便数据分析师明确所有假设。第二，它整合了图模型和潜在结果模型并且在四个环节中都提供了多种分析方法。例如，在识别阶段，该框架提供了前门准则、后门准则、工具变量及中介准则，具体内容这里就不一一介绍了，感兴趣的读者可以查看 DoWhy 官方文档。第三，它还提供了检测假设正确性，以及估计鲁棒性的方法。

9.3.2　数据来源及预处理

在介绍完 DoWhy 框架之后，我们使用开源的酒店预订数据集进行实战分析①。酒店预订数据集包括客户到达时间、是否取消预订、同行的儿童人数、预订变更、预订房间类型及分配房间类型等 32 个字段，旨在探究酒店为客户分配的房型与其预订的房型不同时，客户是否会取消该次预订。简而言之，该示例的目的是研究分配房型与预订房型不同与客户取消预订之间的因果关系。

对于以上问题的探究，最好的方式是随机对照试验，即将每一位消费者随机分配到对照组和试验组，为对照组的客户分配和其预订房型相同的房间，为试验组的客户分配和其预订房型不同的房间，观察对照组和试验组的预订取消率是否存在显著性差异。但是，在现实情况下，这类随机对照试验不仅成本过于高昂，而且影响客户体验，因此此处通过过往的观测数据探究其因果关系[20]。

首先，通过如下代码导入此次分析需要用到的 Python 包。

① Almeida A, Antonio N, Nunes L. Hotel booking demand datasets[J]. ScienceDirect, 2019,22:41-49

```
import doWhy
import pandas as pd
import numpy as np
import matplotlib.pyplot as plt
import seaborn as sns
import logging
```

然后通过如下代码读入数据并且查看数据基本情况，结果显示"agent"和"company"字段缺失较为严重，"country"和"children"字段也存在少量缺失，之后在数据预处理部分会进行处理。

```
logging.getLogger("doWhy").setLevel(logging.INFO)
hotel_bookings=pd.read_csv("hotel_bookings.csv")
hotel_bookings.isnull().sum()
```

hotel	0
is_canceled	0
lead_time	0
arrival_date_year	0
arrival_date_month	0
arrival_date_week_number	0
arrival_date_day_of_month	0
stays_in_weekend_nights	0
stays_in_week_nights	0
adults	0
children	4
babies	0
meal	0
country	488
market_segment	0
distribution_channel	0
is_repeated_guest	0
previous_cancellations	0
previous_bookings_not_canceled	0
reserved_room_type	0
assigned_room_type	0
booking_changes	0

deposit_type	0
agent	16340
company	112593
days_in_waiting_list	0
customer_type	0
adr	0
required_car_parking_spaces	0
total_of_special_requests	0
reservation_status	0
reservation_status_date	0
dtype: int64	

可通过如下代码实现对于缺失字段的处理，由于"company"及"agent"两个字段缺失值较多，所以直接删除这两个字段；而对于"country"这个字段，用出现频率最高的国家填补缺失值。

```
data=hotel_bookings.copy()
data = data.drop(['agent','company'],axis=1)
data['country']= data['country'].fillna(data['country'].mode()[0])
```

为了方便分析，需要通过如下代码构造几个新的数据特征以减少原始数据的维度。第一个特征是累计天数，即周内的天数加上周末的天数；第二个特征是同行人数，即成人数量加上儿童数量再加上婴儿数量；最后一个关键特征是分配房型是否与预订房型相同，如果相同记为"1"，否则记为"0"。除此之外，删掉一些无关紧要的字段，如客户到达的年、月、日等字段。

```
#计算累计天数
data['total_stay'] = data['stays_in_week_nights']+data['stays_in_weekend_nights']
#计算同行人数
data['guests'] = data['adults']+data['children'] +data['babies']
#按照预订房型与分配房型是否相同，给数据集打上标签
data['different_room_assigned']=0
slice_indices =data['reserved_room_type']!=data['assigned_room_type']
data.loc[slice_indices,'different_room_assigned']=1
data = data.drop(['stays_in_week_nights','stays_in_weekend_nights','adults','children','babies'
                ,'reserved_room_type','assigned_room_type','reservation_status'
,'reservation_status_date','arrival_date_day_of_month','arrival_date_year'],axis=1)
```

下面对处理好的数据集的正负样本情况进行可视化，实现代码如下。

```
fig,axes = plt.subplots( figsize=(5,4),dpi=600)
sns.countplot(x=data['is_canceled'],alpha=.95)
sns.despine()
plt.title('The Distribution of Users')

fig,axes = plt.subplots(figsize=(5,4),dpi=600)
sns.countplot(x=data['different_room_assigned'],alpha=.95)
sns.despine()
plt.title('The Distribution of Users')
```

结果如图 9-7 所示，对于"是否取消预订"和"是否分配与预订时相同的房型"两个字段来说，正负样本的比例都是不平衡的，之后在做因果推断时需要进行必要的处理。

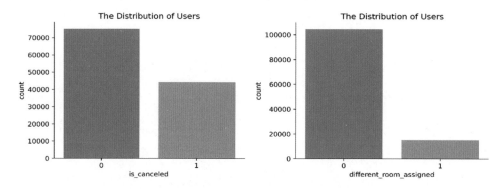

图 9-7 正负样本数据分布情况

9.3.3 数据相关性探索

在正式做因果推断之前，要对变量间的相关性进行探索。首先，通过如下代码查看非数值型变量的具体情况。

```
data.describe(include='object').T
```

	count	unique	top	freq
hotel	119390	2	City Hotel	79330
arrival_date_month	119390	12	August	13877
meal	119390	5	BB	92310
country	119390	177	PRT	49078
market_segment	119390	8	Online TA	56477

distribution_channel	119390	5	TA/TO	97870
deposit_type	119390	3	No Deposit	104641
customer_type	119390	4	Transient	89613

接着将这些非数值型变量进行标准化，使其转化为数值型变量，实现代码如下。

```
rom sklearn.preprocessing import LabelEncoder
lec = LabelEncoder()
df=data.copy()
df.loc[:,'hotel']=df.loc[:,'hotel'].transform(lec.fit_transform)
df.loc[:,'meal':'distribution_channel']=df.loc[:,'meal':'distribution_channel'].transform(lec.fit_transform)
df.loc[:,'deposit_type']=df.loc[:,'deposit_type'].transform(lec.fit_transform)
```

做好相关数据预处理之后，就可以对各个变量之间的相关性进行探索，实现代码
如下。

```
fig = plt.figure(figsize=(24,12),dpi=600)
ax = sns.heatmap(df.corr(), cmap="YlGnBu",
        linecolor='black', lw=.65,annot=True, alpha=.95)
plt.show()
```

变量间的相关性如图 9-8 所示，与客户取消预订相关性最高的三个因素分别是"停
车位""总共居住天数""预订房型与分配房型不同"。但变量间有相关性不一定就代表存
在因果性，所以还需要通过因果推断进一步分析其因果性。

9.3.4　因果推断实现

完成数据预处理和相关性分析之后，各个变量间的相关性已有了初步的结果，但变
量间是否存在因果关系我们还不得而知，需要进行进一步的因果推断，即利用 DoWhy 框
架，通过建模、识别、估计、反驳四个步骤实现。

1. 计算期望频数，初步判断因果关系

由相关性分析可知，客户取消预订与"停车位""总共居住天数""预订房型与分配房
型不同"三个因素相关性较高。除以上三个因素外，还有部分因素与客户取消预订呈现
微弱相关性，如"预订变更""特殊要求"等因素。

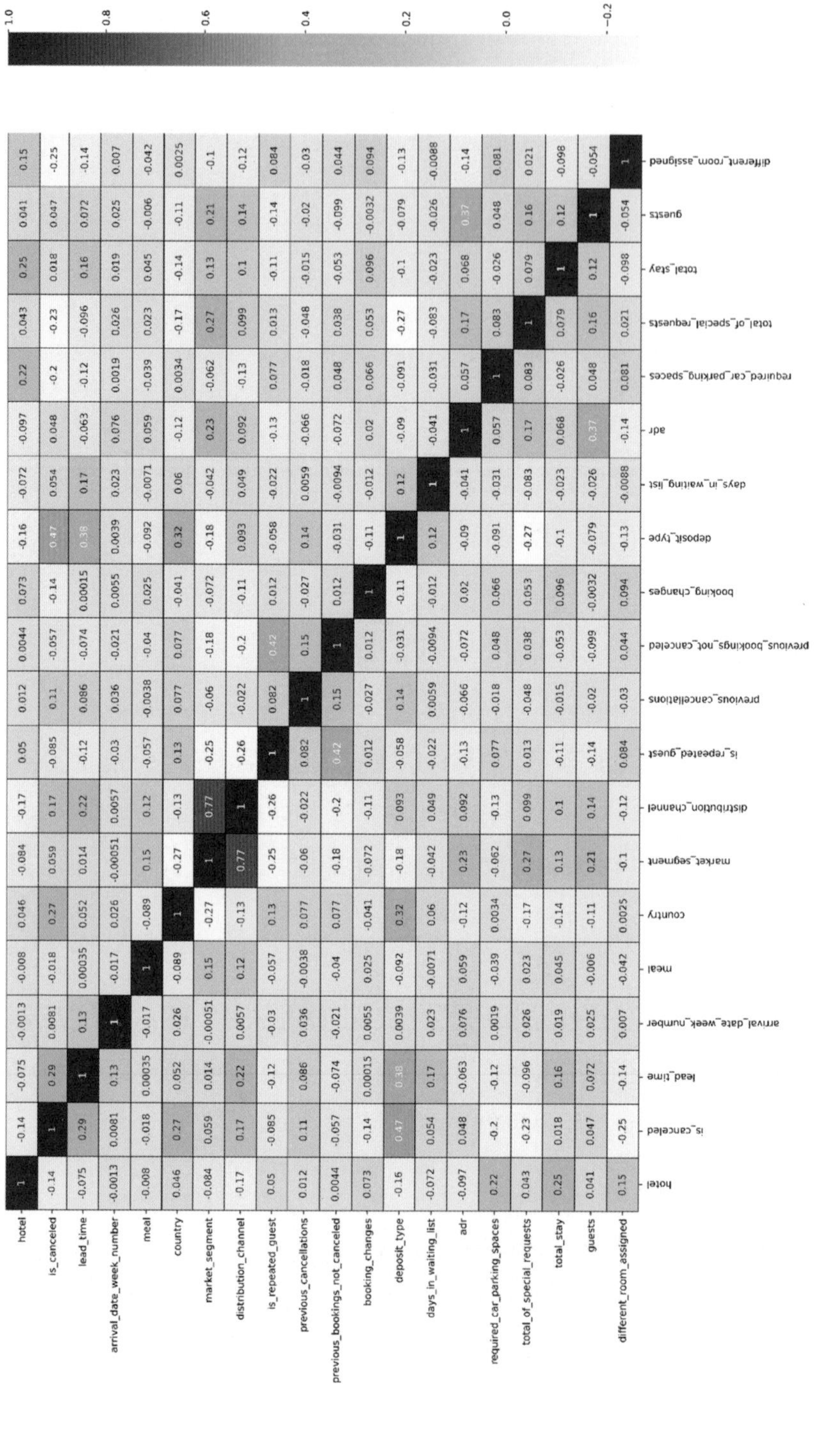

	hotel	is_canceled	lead_time	arrival_date_week_number	meal	country	market_segment	distribution_channel	is_repeated_guest	previous_cancellations	previous_bookings_not_canceled	booking_changes	deposit_type	days_in_waiting_list	adr	required_car_parking_spaces	total_of_special_requests	total_stay	guests	different_room_assigned
hotel	1	-0.14	-0.075	-0.0013	-0.008	0.046	-0.084	-0.17	0.05	0.012	0.0044	0.073	-0.16	-0.072	-0.097	0.22	0.043	0.25	0.041	0.15
is_canceled	-0.14	1	0.29	0.0081	-0.018	0.27	0.059	0.17	-0.085	0.11	-0.057	-0.14	0.47	0.054	0.048	-0.2	-0.23	0.018	0.047	-0.25
lead_time	-0.075	0.29	1	0.13	0.00035	0.052	0.014	0.22	-0.12	0.086	-0.074	0.00015	0.38	0.17	-0.063	-0.12	-0.096	0.16	0.072	-0.14
arrival_date_week_number	-0.0013	0.0081	0.13	1	-0.017	0.026	-0.00051	0.0057	-0.03	0.036	-0.021	0.0055	0.0039	0.023	0.076	0.0019	0.026	0.019	0.025	0.007
meal	-0.008	-0.018	0.00035	-0.017	1	-0.089	0.15	0.12	-0.057	-0.0038	-0.04	0.025	-0.092	-0.0071	0.059	-0.039	0.023	0.045	-0.006	-0.042
country	0.046	0.27	0.052	0.026	-0.089	1	-0.27	-0.13	0.13	0.077	0.077	-0.041	0.32	0.06	-0.12	0.0034	-0.17	-0.14	-0.11	0.0025
market_segment	-0.084	0.059	0.014	-0.00051	0.15	-0.27	1	0.77	-0.25	-0.06	-0.18	-0.072	-0.18	-0.042	0.23	-0.062	0.27	0.13	0.21	-0.1
distribution_channel	-0.17	0.17	0.22	0.0057	0.12	-0.13	0.77	1	-0.26	-0.022	-0.2	-0.11	0.093	0.049	0.092	-0.13	0.099	0.1	0.14	-0.12
is_repeated_guest	0.05	-0.085	-0.12	-0.03	-0.057	0.13	-0.25	-0.26	1	0.082	0.42	0.012	-0.058	-0.022	-0.13	0.077	0.013	-0.11	-0.14	0.084
previous_cancellations	0.012	0.11	0.086	0.036	-0.0038	0.077	-0.06	-0.022	0.082	1	0.15	-0.027	0.14	0.0059	-0.066	-0.018	-0.048	-0.015	-0.02	-0.03
previous_bookings_not_canceled	0.0044	-0.057	-0.074	-0.021	-0.04	0.077	-0.18	-0.2	0.42	0.15	1	0.012	-0.031	-0.0094	-0.072	0.048	0.038	-0.053	-0.099	0.044
booking_changes	0.073	-0.14	0.00015	0.0055	0.025	-0.041	-0.072	-0.11	0.012	-0.027	0.012	1	-0.11	-0.012	0.02	0.066	0.053	0.096	-0.0032	0.094
deposit_type	-0.16	0.47	0.38	0.0039	-0.092	0.32	-0.18	0.093	-0.058	0.14	-0.031	-0.11	1	0.12	-0.09	-0.091	-0.27	-0.1	-0.079	-0.13
days_in_waiting_list	-0.072	0.054	0.17	0.023	-0.0071	0.06	-0.042	0.049	-0.022	0.0059	-0.0094	-0.012	0.12	1	-0.041	-0.031	-0.083	-0.023	-0.026	-0.0088
adr	-0.097	0.048	-0.063	0.076	0.059	-0.12	0.23	0.092	-0.13	-0.066	-0.072	0.02	-0.09	-0.041	1	0.057	0.17	0.068	0.37	-0.14
required_car_parking_spaces	0.22	-0.2	-0.12	0.0019	-0.039	0.0034	-0.062	-0.13	0.077	-0.018	0.048	0.066	-0.091	-0.031	0.057	1	0.083	-0.026	0.048	0.081
total_of_special_requests	0.043	-0.23	-0.096	0.026	0.023	-0.17	0.27	0.099	0.013	-0.048	0.038	0.053	-0.27	-0.083	0.17	0.083	1	0.079	0.16	0.021
total_stay	0.25	0.018	0.16	0.019	0.045	-0.14	0.13	0.1	-0.11	-0.015	-0.053	0.096	-0.1	-0.023	0.068	-0.026	0.079	1	0.12	-0.098
guests	0.041	0.047	0.072	0.025	-0.006	-0.11	0.21	0.14	-0.14	-0.02	-0.099	-0.0032	-0.079	-0.026	0.37	0.048	0.16	0.12	1	-0.054
different_room_assigned	0.15	-0.25	-0.14	0.007	-0.042	0.0025	-0.1	-0.12	0.084	-0.03	0.044	0.094	-0.13	-0.0088	-0.14	0.081	0.021	-0.098	-0.054	1

图 9-8 变量间的相关性

　　相关不等同于因果，而且由图 9-8 可知，数据集中正负样本比例是不均衡的，所以此处需要对因果关系进行初步探究。于是对于变量"取消""预订房型与分配房型不同"，在数据集中随机选取 1000 次观测数据，统计两个变量值相同的次数，即如果酒店为客户分配了与预订房型不同的房间，客户取消订单的次数，重复上述过程 10000 次取平均值，实现代码如下。

```
counts_sum=0
for i in range(1,10000):
        counts_i = 0
        rdf = data.sample(1000)
        counts_i = rdf[rdf["is_canceled"]== rdf["different_room_assigned"]].shape[0]
        counts_sum+= counts_i
counts_sum/10000
```

```
517.9752
```

　　理论上，这个次数应该是总观测次数的 50%，因为面对酒店分配与预订房型不符的房间时，客户要么取消预订，要么接受房型调整。如果这个次数接近总观测次数的 50%，那么可初步说明两变量之间可能存在一定的因果关系。

　　最终得出的期望频数为 518，即如果为客户分配与预订房型不同的房间，有约 50% 的概率客户会取消预订。

　　预订变更，即变量"booking_changes"，也是造成酒店分配房型与预订房型不同的影响因素之一，所以去除该变量的影响较为重要。因此，此处随机选择预订变更次数为 0 的 1000 个客户，重复 10000 次上述的随机试验后取平均值，实现代码如下。

```
counts_sum=0
for i in range(1,10000):
        counts_i = 0
        rdf = data[data["booking_changes"]==0].sample(1000)
        counts_i = rdf[rdf["is_canceled"]== rdf["different_room_assigned"]].shape[0]
        counts_sum+= counts_i
counts_sum/10000
```

```
492.0499
```

对于预订变更次数为 0 的客户，最终得出的期望频数为 492，约占样本的 50%，是符合预期的。

对于发生预订变更的客户，同样选择 1000 个客户，进行上述的随机试验 10000 次，实现代码如下。

```
counts_sum=0
for i in range(1,10000):
        counts_i = 0
        rdf = data[data["booking_changes"]>0].sample(1000)
        counts_i = rdf[rdf["is_canceled"]== rdf["different_room_assigned"]].shape[0]
        counts_sum+= counts_i
counts_sum/10000
663.4134
```

对于预订变更次数大于 0（发生预定变更）的客户，最终得出的期望频数为 663，期望频数发生较大变化。这一结果提示"预订变更"可能是一个混杂变量。

但是影响客户取消预订的混杂变量可能不只"预订变更"一个，面对这种情况，DoWhy 框架会将未指明的变量都作为潜在的混杂变量进行推断。

2. 基于假设创建因果图

基于期望频数的探索及数据分析师自己的经验，对于变量之间的关系做出如下假设。

- 细分市场，即 market_segment 字段，包括两种类别，即"个人"和"旅行社"。这里表示酒店预订来源，预订方式会影响客户从预订酒店到到达酒店之间的时间，即 lead_time 字段。

- 国家，即 country 字段，是指客户旅行的目标国家。目标国家的旅游热度会影响用户是否会提前预订酒店，从而对 lead_time 造成影响；同时，不同的国家有不同的饮食习惯，因此目标国家和美食即 meal 字段之间也有一定关联。

- 预约和到达之间的时间间隔会影响预约等待时长，即 lead_time 会影响 days_in_waiting_list。客户酒店预订的时间越晚，取消预订的概率就越低；预约和到达之间的时间间隔越长，用户就越容易取消预订。

- 预订等待时间（days_in_waiting_list）、总停留天数（total_stay）及同行人数（guests）都是预订是否取消的影响因素。

- 客户之前预订取消的情况（previous_bookings_not_canceled）会影响客户是否会成为回头客（is_repeated_guest）。这两个因素都会影响此次客户是否取消订单，如果一个客户在之前的预订中有多次取消行为，那么此次取消的概率也很大。
- 预订变更（booking_changes）是客户被分配到与预订房型不同的房间（different_room_assigned），甚至是客户取消预订（is_cancelled）的影响因素。
- 预订变更（booking_changes）是一混杂变量，除此之外，可能还有其他混杂变量影响干预和结果，但是在该数据集中没有足够的信息帮助我们识别这些混杂变量。

有了假设，即 DoWhy 框架所说的先验知识，就可以创建因果图了。但是为了使数据符合 DoWhy 框架的输入要求，还需要将数据中的空值删除，并且将 different_room_assigned 及 is_canceled 字段由 0-1 类型替换为 True-False 形式。

```
data = data.drop([],axis=1)
data['different_room_assigned']= data['different_room_assigned'].replace(1,True)
data['different_room_assigned']= data['different_room_assigned'].replace(0,False)
data['is_canceled']= data['is_canceled'].replace(1,True)
data['is_canceled']= data['is_canceled'].replace(0,False)
data.dropna(inplace=True)
```

完成数据处理后，将上述假设以文本的形式存入变量 casual_graph，为创建因果图做准备，其实现代码如下。

```
causal_graph = """digraph {
different_room_assigned[label="Different Room Assigned"];
is_canceled[label="Booking Cancelled"];
booking_changes[label="Booking Changes"];
previous_bookings_not_canceled[label="Previous Booking Retentions"];
days_in_waiting_list[label="Days in Waitlist"];
lead_time[label="Lead Time"];
market_segment[label="Market Segment"];
country[label="Country"];
U[label="Unobserved Confounders"];
is_repeated_guest;
total_stay;
```

```
guests;
meal;
market_segment -> lead_time;
lead_time->is_canceled; country -> lead_time;
different_room_assigned -> is_canceled;
U -> different_room_assigned; U -> lead_time; U -> is_canceled;
country->meal;
lead_time -> days_in_waiting_list;
days_in_waiting_list ->is_canceled;
previous_bookings_not_canceled -> is_canceled;
previous_bookings_not_canceled -> is_repeated_guest;
is_repeated_guest -> is_canceled;
total_stay -> is_canceled;
guests -> is_canceled;
booking_changes -> different_room_assigned; booking_changes -> is_canceled;
}"""
```

基于上述的因果图，构建因果推断模型，实现代码如下。

```python
import pygraphviz
model= doWhy.CausalModel(
        data = data,
        graph=causal_graph.replace("\n", " "),
        treatment='different_room_assigned',
        outcome='is_canceled')
model.view_model()
from IPython.display import Image, display
display(Image(filename="causal_model.png"))
```

因果推断模型如图 9-9 所示。

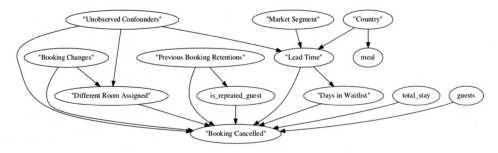

图 9-9　DoWhy 构建的因果推断模型[20]

3.　识别因果效应

基于上述的图模型，DoWhy 会通过不同的方法识别出因果效应表达式。到底什么是因果效应？我们用通俗易懂的话来说就是干预发生一个单位的改变时，结果发生的变化程度。

此处，我们将使用因果图来识别因果效应，具体实现代码如下。

```
identified_estimand = model.identify_effect(proceed_when_unidentifiable=True)
print(identified_estimand)

Estimand type: nonparametric-ate

### Estimand : 1
Estimand name: backdoor
Estimand expression:
                d
─────────────────────────────────(Expectation(is_canceled|previous_bookings_not_cance
d[different_room_assigned]
led,country,booking_changes,market_segment,days_in_waiting_list,guests,is_repeated_guest,meal,lead_
time,total_stay))

Estimand assumption 1, Unconfoundedness: If U→{different_room_assigned} and U→is_canceled then
P(is_canceled|different_room_assigned,previous_bookings_not_canceled,country,booking_changes,market_
segment,days_in_waiting_list,guests,is_repeated_guest,meal,lead_time,total_stay,U) = P(is_canceled|
different_room_assigned,previous_bookings_not_canceled,country,booking_changes,market_segment,
days_in_waiting_list,guests,is_repeated_guest,meal,lead_time,total_stay)

### Estimand : 2
Estimand name: iv
No such variable found!

### Estimand : 3
Estimand name: frontdoor
No such variable found!
```

4.　估计因果效应

DoWhy 框架支持多种方法估计因果效应，最终返回平均值。此处，我们将实际数据代入因果效应识别阶段得到的表达式，计算干预发生单位变化时结果发生变化的程度，实现代码如下。此处，我们选择倾向性得分匹配方法来估计平均干预效应（ATE），当然也可以估计干预组（ATT）或者对照组（ATC）的因果效应。

```
estimate = model.estimate_effect(identified_estimand,
method_name="backdoor.propensity_score_stratification",target_units="ate")
# ATE = Average Treatment Effect
# ATT = Average Treatment Effect on Treated (i.e. those who were assigned a different room)
# ATC = Average Treatment Effect on Control (i.e. those who were not assigned a different room)
print(estimate)

*** Causal Estimate ***
## Identified estimand
Estimand type: nonparametric-ate

### Estimand : 1
Estimand name: backdoor
Estimand expression:
                    d
─────────────────────────────────────────(Expectation(is_canceled|previous_bookings_not_cance
d[different_room_assigned]
led,country,booking_changes,market_segment,days_in_waiting_list,guests,is_repeated_guest,meal,lead_
time,total_stay))

Estimand assumption 1, Unconfoundedness: If U→{different_room_assigned} and U→is_canceled then
P(is_canceled|different_room_assigned,previous_bookings_not_canceled,country,booking_changes,market_
segment,days_in_waiting_list,guests,is_repeated_guest,meal,lead_time,total_stay,U) = P(is_canceled|
different_room_assigned,previous_bookings_not_canceled,country,booking_changes,market_segment,
days_in_waiting_list,guests,is_repeated_guest,meal,lead_time,total_stay)

## Realized estimand
b: is_canceled~different_room_assigned+previous_bookings_not_canceled+country+booking_changes+
market_segment+days_in_waiting_list+guests+is_repeated_guest+meal+lead_time+total_stay
Target units: ate

## Estimate
Mean value: -0.3366373801376331
```

通过 DoWhy 框架估计出的因果效应量为-0.34，也就是说当消费者在预订房间时，为其分配之前预订过的房间所导致的平均预订取消概率要比为其分配不同的房间低 34%。

5．反驳结果

上述因果推断结果都是基于最初的假设进行的因果关系的识别，只是进行简单的统计学估算。因此，为了验证假设是否正确，我们需要进一步检查模型的鲁棒性。DoWhy 提供了多种检验方法，包括添加随机混杂因子、安慰剂干预、虚拟结果、模拟结果及添加未观测混杂因子五种方法。此处选择三种方法进行实际操作。

1）添加随机混杂因子

添加随机混杂因子后，重新走一遍因果推断流程，观察因果效应量是否发生改变。如果因果效应量变化不大，则说明假设是正确的。实现代码如下，新的因果效应量约为-0.34，基本保持不变，说明假设正确。

```
refute1_results=model.refute_estimate(identified_estimand, estimate,
        method_name="random_common_cause")
print(refute1_results)

Refute: Add a Random Common Cause
Estimated effect:-0.3366373801376331
New effect:-0.3365605173873847
```

2）安慰干预

该方法是将干预替换为随机变量，如果假设正确，那么因果效应量接近 0。实现代码如下，新的因果效应量为 0，说明假设正确。

```
refute2_results=model.refute_estimate(identified_estimand, estimate,
        method_name="placebo_treatment_refuter")
print(refute2_results)
Refute: Use a Placebo Treatment
Estimated effect:-0.3366373801376331
New effect:2.1694371162038112e-05
p value:0.5
```

3）在数据子集上验证

该方法是将数据集分为多个子集，在数据子集上验证因果效应。如果多个数据子集的因果效应相差不大，说明假设正确，实现代码如下。

```
refute3_results=model.refute_estimate(identified_estimand, estimate,
        method_name="data_subset_refuter")
print(refute3_results)
```

我们建立的因果推断模型通过了以上三种方法的验证，这虽不能证明模型一定是正确的，但是增加了我们对该模型的信心。

以上所有内容就是利用 DoWhy 框架进行因果推断的全部过程，此案例旨在讲解 DoWhy 因果推断分析框架的用法，对于数据结果不再进行讨论。在实际运用中，数据分析师可以基于不同的假设绘制出不同的因果图，之后结合自身经验并应用多种估计方法以找出接近真实的因果关系。

4 第 4 篇
数据分析案例实战

前几篇分别介绍了数据标签体系、数据指标体系的构建，为数据分析提供了基础的支撑框架；然后介绍了数据分析中三种较为重要的数据思维方式，它们是数据分析的方法论指导；这些数据分析方法论如何运用到实际的分析工作中就是本篇的主要内容。本篇主要围绕用户生命周期中较为重要的流失问题及付费转化问题展开，会结合分析方法论、实践案例及 Python 实战详细介绍流失分析及付费转化分析要点。

第 10 章 用户流失分析

本章基于用户生命周期中每一环节都会存在的流失问题展开，综合运用前面几章提到的多种方法分析用户流失问题。首先介绍流失用户的定义及用户流失周期的估算方法；然后通过 5W2H 分析法以游戏行业为例分析用户流失的原因；除了内因，市场、经济、政治等外部环境也会影响用户流失，所以本章也会阐述外部因素对用户流失的影响；从数据层面探究用户流失的内因和外因之后，通过问卷调查可以探究用户流失的真正原因，从而验证数据分析的结果；最后，要改善用户流失问题，在数据层面，数据分析师可以通过用户历史数据对用户流失周期进行预测，以辅助运营人员在用户流失前进行干预，以减少用户流失，本章最后一节会介绍利用生存分析方法预测用户流失的实战案例。

10.1 用户流失分析方法论

对于互联网行业来说，每个产品的用户都存在一定的生命周期，从用户获取到用户激活再到用户不断成熟直至用户衰退是一个完整的用户生命周期。

在这个生命周期中，业务方希望在用户流失之前，通过各种各样的运营活动去干预用户，以达成减少用户流失和挽回刚流失不久的用户的目的。但运营活动是有成本的，因此数据分析师需要根据用户行为数据合理地估算出用户流失周期，以便运营人员有计划地干预和召回用户；同时，数据分析师需要分析用户流失的原因，辅助业务方对产品进行改进。因此，流失分析是数据分析工作中的重头戏，也是数据分析师必会的基本功。

什么是流失用户？对流失用户，如何分析其流失原因，是数据分析师工作的重要内容。这一节会立足于如何圈定流失用户，从流失用户分析整体方法论展开，详细介绍流失拐点理论、用分位数法定义流失用户及用户流失内因、外因和流失预测相关方法论。

10.1.1 用户流失分析总体方法论

用户流失分析总体方法论总结为图 10-1。在进行流失分析之前，数据分析师要做的第一件事是定义流失用户或者说估算流失周期，即只要用户超过这个周期没有登录就可以算作流失用户。估算用户流失周期的方法有拐点法[21]和分位数法。确定流失用户之后，数据分析师就需要分析用户流失的原因。流失原因的分析可以结合内因、外因进行分析，同时辅以问卷调查校验分析结果。分析完用户流失原因之后，数据分析师可以基于用户行为数据为用户打上流失标签，进而可以依据流失标签生成流失预警模型，辅助运营人员对用户生命周期进行干预，以减少用户流失。

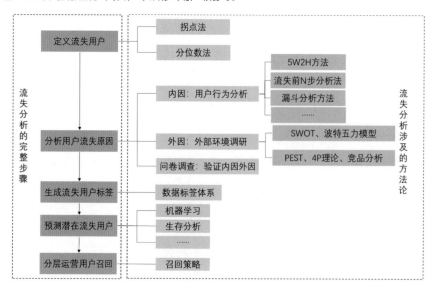

图 10-1 用户流失分析方法论

10.1.2 定义流失用户的方法

流失分析的第一步就是确定哪些用户是流失用户，换句话说就是用户多少天没有登录使用产品（这意味着用户流失），数据分析师需要估计这个周期。估算用户流失周期的方法有著名的"拐点理论"及分位数法，这两种方法不仅可以用于估算活跃用户的流失周期，还可以用于估算付费用户的流失周期，对电商中的用户流失周期也同样适用。总之，涉及用户流失的问题都可以用流失拐点理论和分位数法进行估算。

1. 流失拐点理论

流失拐点理论依赖于流失用户回归率的计算，为了方便日常监控，通常会用活跃用户留存率进行近似估计，即随着时间的推移，流失用户回归率或者活跃用户留存率趋于一个定值，这个定值所对应的周期就是拐点，也就是用户流失周期。如图 10-2 所示，流失用户回归率是立足于统计日，往前进行回溯的方法，而活跃用户留存率则是往后观察的方法。

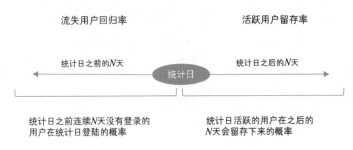

图 10-2　流失用户回归率和活跃用户留存率

1）从流失用户回归率的角度实践流失拐点理论

首先，我们先来定义什么是回流用户。

根据友盟统一的定义用户连续 N 日或 N 日以上未登录，而在统计日登录，则称这部分用户是统计日的回流用户。

N 日流失用户回归率是指在统计日之前，连续 N 日未登录但在统计日登录的用户占连续 N 日未登录且在统计日也未登录的用户比例，其计算公式如下：

N 日流失用户回归率=（ N 日回流的用户数/ N 日流失用户数 ）×100%

=（连续 N 日未登录但在统计日登录的用户数/连续 N 日未登录且在统计日也未登录的用户数 ）×100%

如图 10-3 所示，以 14 日流失用户回归率为例，假如要计算 2021 年 3 月 17 日的 14 日流失用户回归率，则统计日是 3 月 17 日，需要统计在 3 月 3 日登录过，但在 3 月 4 日到 3 月 17 日之间都未登录过的用户数作为 14 日流失用户数，即分母；而在 3 月 3 日登录过，在 3 月 4 日到 3 月 16 日之间都未登录过，但在 3 月 17 日登录产品的用户数作为 14 日回流用户数，即分子；然后用分子比上分母即可算出流失用户回归率。

3.17（3月17日）的14日流失用户回归率

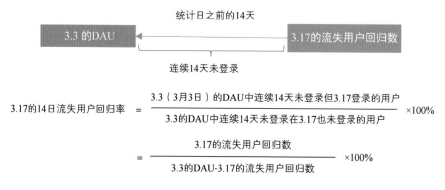

$$\text{3.17的14日流失用户回归率} = \frac{\text{3.3（3月3日）的DAU中连续14天未登录但3.17登录的用户}}{\text{3.3的DAU中连续14天未登录在3.17也未登录的用户}} \times 100\%$$

$$= \frac{\text{3.17的流失用户回归数}}{\text{3.3的DAU-3.17的流失用户回归数}} \times 100\%$$

图 10-3　从流失用户回归率看流失拐点

理解了概念之后就可以统计 N 日流失用户回归率，找到拐点，确定 N 值了。

如图 10-4 所示，我们计算了某产品的 N 日流失用户回归率，发现当 N=20 时流失用户回归率趋于平缓，也就是说达到 20 天这个周期之后该流失的用户基本流失完了，该留存下来的用户基本都留存下来了。这个 20 天就是用户的流失周期，即可以认为当一个用户连续 20 天没有登录，此用户就是流失用户。

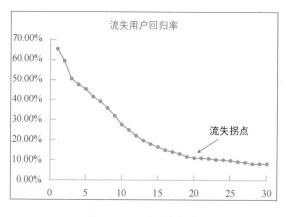

图 10-4　用户流失拐点

2）从活跃用户留存率的角度看实践拐点理论

流失用户回流率从计算角度来说会略显复杂，为了简化计算，在实际工作中也会使用活跃用户 N 日留存率来近似估计用户流失拐点。

N 日活跃用户留存率是指在一段时间内活跃过的用户，在接下来的每一段时间内的活跃情况，这里的时间段可以是每一天、每一周或者每一个月，计算公式如下：

N 日活跃用户留存率=（统计日起之后 N 日留存用户数/统计日当日的用户总数）×100%

如图 10-5 所示，举个例子来说，假如要计算 2021 年 3 月 17 日活跃用户的 3 日留存率，3 月 17 日即统计日，统计 3 月 17 日的活跃用户数作为分母；统计这些用户在 3 月 17 日起的第 3 天，也就是 3 月 19 日的活跃用户数作为分子，分子比上分母即可算出 N 日留存率。

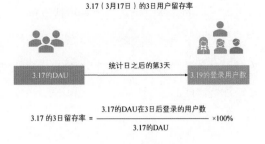

图 10-5 从活跃用户留存率看流失拐点

2. 分位数法

如图 10-6 所示，分位数法是指通过计算所有用户活跃时间的间隔，并统计各个阶段活跃时间间隔的占比，找到累计占比为 90% 的时间间隔，这个时间间隔就是用户流失周期。

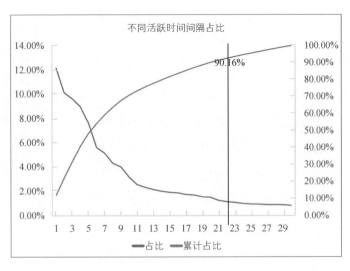

图 10-6 分位数法估计用户流失周期

10.1.3 分析用户流失的原因

通过"流失拐点理论"或者分位数法确定用户流失周期之后，数据分析师可以考虑在用户流失周期之前给到运营人员一些意见和建议以挽留即将流失的用户，这些意见和建议当然要结合用户的流失原因来提出，所以用户流失原因分析是非常重要的。

用户流失原因分析框架可以参考图 10-7，但更多的还是结合业务形态进行分析。用户流失原因可以从内因和外因着手分析。其中内因是分析的重点，因为内因是产品运营侧可调可控的，通过用户行为分析找出用户流失的原因，促进产品的优化和改进；外因大部分情况下是不可控的，而且有很多成熟的第三方软件可以监控竞品，因此对于外因的分析并不是数据分析师的工作重点。分析完内因、外因之后，可以通过问卷调研等形式验证分析结果。

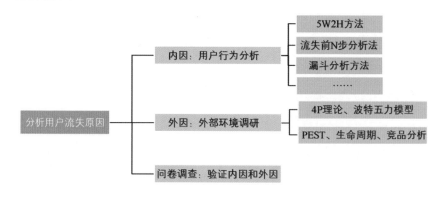

图 10-7　用户流失原因分析框架

10.1.4 生成流失用户标签

分析用户流失原因是一个耗时耗力的事情，完成流失分析后就会知道什么特征的用户容易流失，如果就此结束这项工作的话，显然没有充分利用数据达到最大效益。数据分析师可以更进一步，根据流失分析的结果为流失用户打上标签，以后再遇到流失分析相关的问题，可以直接调用标签库的数据。

如图 10-8 所示，流失分析少不了围绕流失用户行为特征、流失用户消费特征及流失用户自身属性等特征展开，而这些特征和维度也是用户标签所需的，所以数据分析师可以规整分析代码生成用户标签脚本，然后定期更新脚本即可获得新的用户标签。

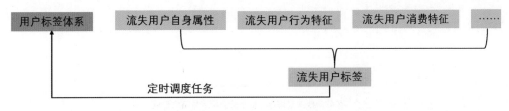

图 10-8　生成流失用户标签

10.1.5　预测潜在流失用户

有了流失用户标签，数据分析师可以基于用户的历史数据和当前数据，对用户在未来周期内的流失情况进行预测。为了实现用户不同生命周期的精细化运营，流失预测需要根据用户所处的生命周期的具体阶段进行，如在用户的获取期、活跃期、成熟期、衰退期等不同时期进行预测。

流失用户的预测可以用各类机器学习算法，如决策树、GBDT、随机森林等；当然也可以用生存分析等模型进行预测。

10.1.6　分层运营及用户召回

通过模型预测出具有流失倾向的用户群体之后，如果不采取相应的召回措施，做流失预测的意义也就不存在了。针对预测出来的潜在流失用户，数据分析师可以配合算法工程师，结合用户生命周期、用户流失风险等级及用户流失原因等多个维度的信息，建立一套潜在流失用户召回机制。

针对不同的用户和不同的场景，可以考虑发放优惠券或者调整优惠金额；也可以发放召回奖励；进行短信提醒；优化关联推荐等。同时，我们需要考虑召回成本，分析召回效果。这时数据分析师可以考虑使用 A/B 试验进行 ROI 的优化。

10.2　案例分析：用 5W2H 方法分析游戏用户流失原因

5W2H 方法是每个数据分析师必学的分析方法，如果没有应用场景、没有实战案例，方法论只停留在纸上谈兵的阶段。本节以用户流失分析为例，阐释 5W2H 分析方法。

10.2.1　情景介绍

如图 10-9 所示，某款游戏自上线以来次日（R2）留存率一直低于同类游戏的行业标准且持续走低。最近，运营人员拿着次日留存率数据找到数据分析师，想要分析次日留存率持续走低的原因，并从数据入手找到一些解决办法。用 5W2H 分析方法可以全面深入地分析和拆解问题，所以此案例运用该方法进行分析。

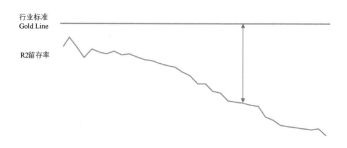

图 10-9　某款游戏次日留存率与行业标准对比

10.2.2　5W2H 方法介绍

5W2H 方法又称七何分析法，由 5 个以 W 开头的英文单词和 2 个以 H 开头的英文单词进行设问，如图 10-10 所示。

图 10-10　5W2H 方法

5W 的内容如下：

（1）What：发生了什么？

（2）When：何时？在什么时候发生的？

（3）Where：何地？在哪里发生的？

（4）Who：是谁？

（5）Why：为什么会这样？

2H 的内容如下：

（1）How：怎么做？

（2）How Much：多少钱？做到什么程度？数量如何？费用如何？

10.2.3 以游戏用户流失为例，详解 5W2H 方法

如图 10-11 所示，用 5W2H 方法分析新游戏用户流失主要有以下几步：

（1）What 阶段：明确游戏现有问题，即需要对次日留存率进行分析，找出影响次日留存率的因素并提出相应解决方案。

（2）When 和 Where 阶段：通过漏斗分析确定用户流失等级和步骤。

（3）Who 阶段：通过用户群分析找出流失用户的属性、特征及来源渠道。

（4）Why 阶段：根据上述分析结果初步推测用户流失的原因。

（5）How 和 How Much 阶段：根据上述的分析提出假设，以数据、用户反馈及运营经验为依据，相应地调整游戏设计。

（6）对调整方案进行排期，实施方案，通过 A/B 试验检验假设是否正确、调整是否有效。

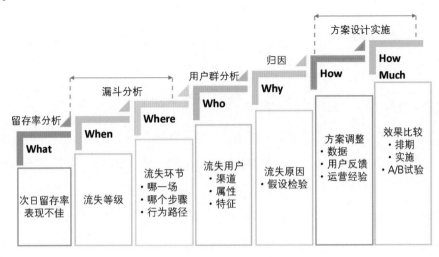

图 10-11　5W2H 方法分析新游戏用户流失

1. 通过漏斗分析确定用户流失等级和流失环节

漏斗分析是用户流失分析的常见方法，它可以反映用户行为路径的转化率或者用户流失率。如图 10-12 所示，数据分析师通过漏斗分析发现 80% 的流失用户是在前 6 级流失的。一般情况下，用户升到 6 级只需要完成新手引导及前三局人机局即可。于是，数据分析师可以把分析的焦点转移到用户在新手引导及前三局人机局的漏斗。根据局内漏斗的分析可以发现，15% 的用户在新手引导阶段流失，所以对新手引导阶段每一个步骤的漏斗转化研究是必须进行的。最后，数据分析师发现新手引导阶段第 9 步流失率较高，这个步骤可能存在一定的问题。

除了局内的漏斗，数据分析师还可以分析用户局外的行为漏斗，也就是平时常说的用户流失前的 N 步，这样也能找到问题所在。

图 10-12　漏斗分析

2. 通过用户群分析确定流失用户的属性

流失用户属性分析可以为游戏的优化提供指导意见。通过用户群分析明确游戏能够吸引什么样的用户，什么样的用户更容易在游戏中留下来，哪类用户是造成流失的主要原因。

用户属性包括用户来源渠道、用户社会属性及其他特征。如图 10-13（a）所示，数据分析师通过社会属性分析发现，流失用户中新手用户占比高达 80%；如图 10-13（b）所示，运行内存较小的用户流失占比较高。

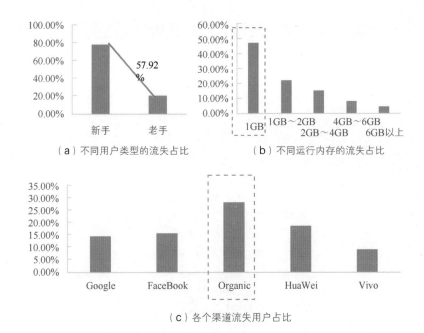

（a）不同用户类型的流失占比　　　　　（b）不同运行内存的流失占比

（c）各个渠道流失用户占比

图 10-13　流失用户属性分析

3．流失归因，方案设计实施

根据漏斗分析和用户群分析，数据分析师在数据层面可以看到一些现象，运营人员也通过问卷收集到用户的反馈，根据这些结果，数据分析师可以提出一些假设。如图 10-14 所示，针对新手引导阶段用户流失严重的问题，数据分析师推测新手引导对用户不够友好；针对用户反馈游戏太卡的问题，推测网络交互可能有问题。通过数据分析和用户反馈可以为产品提供优化的方向，当然也离不开策划人员和运营人员多年的工作经验。最后，如果有条件的话，通过 A/B 试验验证调整方案效果如何，毕竟 A/B 试验是探究因果关系最佳的方案。

5W2H 方法为数据分析师提供了一套调查研究、思考问题和分析问题的方法。在 5W2H 框架下结合一些分析方法，如漏斗分析、用户群分析等，可以让问题得到下钻和拆解，使分析更加透彻。

如图 10-15 所示，5W2H 方法从问题出发，分析问题的落脚点，对造成问题的原因进行推测，并提出相应的解决方案，最终解决问题，形成闭环。

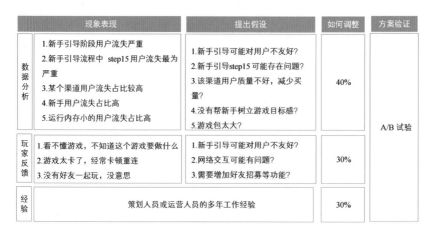

	现象表现	提出假设	如何调整	方案验证
数据分析	1.新手引导阶段用户流失严重 2.新手引导流程中 step15用户流失最为严重 3.某个渠道用户流失占比较高 4.新手用户流失占比高 5.运行内存小的用户流失占比高	1.新手引导可能对用户不友好？ 2.新手引导step15可能存在问题？ 3.该渠道用户质量不好，减少买量？ 4.没有帮新手树立游戏目标感？ 5.游戏包太大？	40%	A/B 试验
玩家反馈	1.看不懂游戏，不知道这个游戏要做什么 2.游戏太卡了，经常卡顿重连 3.没有好友一起玩，没意思	1.新手引导可能对用户不友好？ 2.网络交互可能有问题？ 3.需要增加好友招募等功能？	30%	
经验	策划人员或运营人员的多年工作经验		30%	

图 10-14　流失归因及运营策略

图 10-15　5W2H 方法闭环结构

当然，理论很美好，在实际应用过程中可能会遇到各种各样的业务场景，不同的业务场景下应用 5W2H 方法还有一定差异，这需要数据分析师不断地在工作中积累经验。

10.3　用 5 个理论模型构建外部因素分析框架

用户流失存在于产品生命周期的各个阶段，用户的流失不仅受到产品本身，即内部因素的影响，还会受到外部因素的影响，如政治经济环境、市场竞争环境等。外部因素和内部因素同等重要，本节将围绕用户流失的外部因素展开，从 SWOT 模型、PEST 模型、波特五力模型、4P 理论及用户体验五要素模型等理论模型出发，介绍如何构建流失用户外部因素的分析框架。

虽然 SWTO 模型、PEST 模型等来源于管理学或营销学，与数据的结合程度可能很低，但是这些理论模型能为用户流失的外部因素分析提供分析和思考的视角。

10.3.1　通过 SWOT 模型全面认识产品

SWTO 模型是麦肯锡咨询公司提出的分析模型。SWTO 模型提供了四个维度的分析视角，从内部环境来看，包括产品或企业自身的优势（Strengths）和劣势（Weakness）；从外部环境来看，包括机会（Opportunities）和威胁（Threats），如图 10-16 所示。

图 10-16　SWTO 模型

对于用户流失场景下的外部因素分析来说，主要是外界某种不利趋势使得产品竞争力变弱。对这种不利趋势的分析可以参考 PEST 模型、4P 理论及波特五力模型。下面就一起来看看在用户流失外因分析部分如何运用这些理论和模型指导分析。

10.3.2　PEST 模型分析外部宏观环境的四个视角

在用 SWOT 模型确定从外部威胁着手分析用户流失原因之后，可以通过 PEST 模型分析社会经济层面的影响因素。用 PEST 模型分析外部宏观环境的视角包括政治、经济、社会、科技四个方面。

如图 10-17 所示，对于互联网产品来说，从 PEST 模型的角度分析导致用户流失的外部因素，可以参考以下维度。

- 政治层面：可以考虑产品覆盖区域的国家或地区出台的相关政策、法律法规等变更对产品造成的影响。

- 经济层面：可以考虑 GDP 增长、人均可支配收入变化、经济政策法规变更、货币
  超发等对产品的影响。
- 社会层面：可以从网民性别比例、受教育程度等层面思考。
- 科技层面：也是用户流失的主要外因之一，可以从产品所涉及的国家和地区的技
  术水平、技术政策、新兴技术的产出等方面考虑。

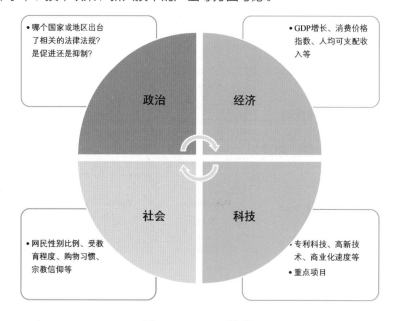

图 10-17　PEST 模型

举个例子来说，由于印度政策发生变化，禁用中国的某款 App，给了部分竞品涌入
印度市场的机会，使得中国的该款 App 的用户大幅流失转向竞品，竞品的日活跃用户数
得到大幅提升。这就是由政策发生变化带来的影响，也是用户流失分析的重要外部影响
因素。

10.3.3　用波特五力模型分析竞品的五个维度

PEST 模型从政治、经济、社会、科技四个层面分析外部因素对于用户流失的影响，
而波特五力模型着眼于竞争战略的分析。波特五力模型是 20 世纪 80 年代由迈克尔·波特
提出的，该模型将行业竞争中的复杂因素简化成五个核心因素，即行业内现有竞争者的
竞争能力、新进入者的威胁、买方的议价能力、替代品的威胁及供方的议价能力，如
图 10-18 所示。

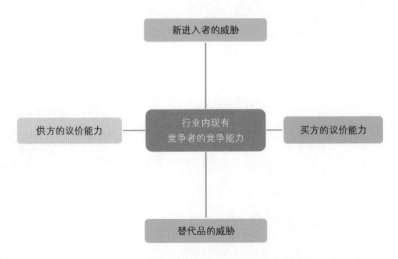

图 10-18 用波特五力模型分析竞品的五个维度

在用户流失外因分析中，同类产品的竞争可能是用户流失的关键原因。波特五力模型恰到好处地总结了竞争的影响因素。在互联网产品中，波特五力模型也适用，举个例子来说，小米在竞争中采用饥饿营销及低价策略，瞬间赢得了广大用户的支持；某款游戏推出一个皮肤道具，竞品游戏也效仿它，以更低的价格出售同类道具，以获得竞争优势。

10.3.4 用 4P 理论指导竞品分析

4P 理论是 1960 年杰罗姆·麦卡锡提出的，是一个简化的营销理论。该理论包括产品、价格、促销、渠道四个要素，如图 10-19 所示。对于用户流失外因分析，4P 理论同样是竞争战略的指导思想。对于电商来说，优质的供货渠道能给电商带来更低的价格、更优质的产品、更有力的促销，物美价廉以及有力的促销能够吸引大量用户。如果出现用户流失，从外部因素分析，很有可能是竞争对手在产品、价格、促销等方面做文章，以更优惠的力度吸引顾客。所以，立足于 4P 理

图 10-19 4P 理论

论分析外部环境变化也是用户流失外部因素分析的指导思想之一。

10.3.5 用户体验五要素模型优化产品功能，减少用户流失

用户体验五要素模型是竞品分析的主要方法之一，如图 10-20 所示。用户体验五要素可概括为表现层、框架层、结构层、范围层和战略层。用户体验五要素模型是数据分析师进行竞品分析常用的模型，将竞品与自身产品在表现层、框架层、结构层、范围层及战略层进行对比分析，挖掘用户流失的原因并提出相关的改进建议。

- 表现层包括产品的语言设计、布局等，简单来说就是整个产品 UI 是否符合大众的审美。
- 框架层包括体验操作、刷新、页面跳转、查询等交互操作。这些交互操作是否迎合用户习惯，竞品的交互又如何，都是需要思考的问题。
- 结构层包括信息框架、常规功能、特色功能、用户流程等。
- 范围层是产品的核心功能，即产品能满足用户什么需求。
- 战略层包括产品的定位、商业模式及后续发展等。

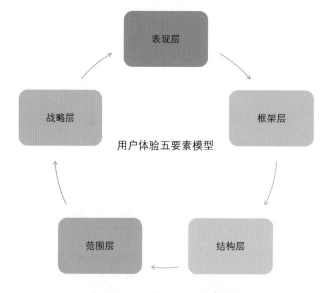

图 10-20　用户体验五要素模型

从五个要素拆解产品，将产品与竞品进行对比。通过对比可以准确地找出产品的优、劣势，以对产品劣势进行改进，从而减少用户流失。

10.3.6 几个模型之间的关联

用户流失是每个产品在各个阶段都会面临的问题，除内部因素外，很多外部因素也是造成用户流失的原因。虽然这些外部因素大部分是不可控的，但是数据分析师只有了解这些外部因素，清楚地知道这些外部因素是如何影响用户流失的，才能提出产品优化方案，提升用户留存率。

虽然 SWOT 模型、PEST 模型、波特五力模型、4P 理论及用户体验五要素模型只是理论指导模型，在数据层面的应用极少，但其指导思想能够帮助数据分析师确定外部影响因素。

当然五个外部因素分析模型并不是孤立的，它们之间是有一定关联的，其关系如图 10-21 所示。

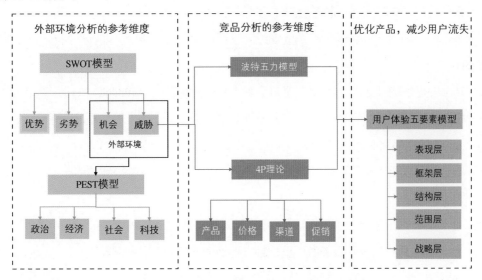

图 10-21　五个外部因素分析模型的关系

SWOT 模型和 PEST 模型从几个不同的角度为数据分析师提供外部环境的分析维度，通过外部环境分析之后，大部分流失原因可能锁定为外部威胁，即竞品相关原因。对于竞品分析，可以从波特五力模型及 4P 理论出发，从各个不同维度分析竞品对于用户流失的影响；分析的落脚点最终还是落到如何优化产品、减少用户流失上，对于这一点可以参考用户体验五要素模型，从不同的层面进行分析以提供产品优化策略。

10.4 如何设计问卷验证用户流失的原因

在前面两节的内容中，笔者分析了用户流失的内部原因及外部原因，但这些原因都只停留在数据层面，想要验证用户流失原因还需要发放问卷，调查用户流失的真实原因。因此，本节会立足于问卷的设计，介绍问卷设计的原则和方法及结果分析时的注意事项，通过问卷调查结果验证数据分析结果，最终辅助运营人员进行决策分析。

10.4.1 问卷可以做什么

问卷调查是获取用户反馈较为直接的方法之一，也是用户研究中使用频率较高的方法。问卷调查可以获取用户的属性数据、行为数据及态度数据，最终可以根据问卷调查数据确定目标用户的特征、偏好，跟踪用户满意度，寻求意见反馈。但通过问卷调查不能直接获取用户流失的深层次原因及具体的解决方案。

举个例子来说，某款短视频 App 通过问卷调查用户流失原因，能够从问卷获取到的信息如下。

25 岁的小张在上海做程序员，每月工资 18000 元，有一部 iPhone 12 Pro 手机，喜欢每天中午吃饭的时候观看短视频，平均每月打赏主播 60 元，平均每月通过直播带货购买300 元的生活用品及 80 元的狗狗玩具。

以上是可以直接从问卷获取到的信息，而通过问卷调查不能得到的信息大概有以下几点。

-小张为什么只用这一款短视频 App 看视频,而不通过 B 站看视频或看淘宝直播呢?

-他为什么只在中午吃饭的时候看视频，而晚上下班却不看视频呢?

-如果推出一款类似这款短视频 App 的 App，他会用它看直播吗?

对于以上深层次的原因，假设性的方案及具体的解决方案是无法直接从问卷中获得的，只能通过问卷设计相关问题，从而提取信息以探究相关答案。

10.4.2 如何设计问卷

了解了问卷可以获取的信息之后就可以着手设计问卷。这一部分内容会依次介绍问卷的结构、问题的类型及问卷的设计原则。

1. 问卷的结构

问卷的结构如图 10-22 所示，第一部分是问卷开头，主要包括标题、欢迎语等内容，主要是说明问卷的目的，吸引用户注意；第二部分是信息过滤模块，这部分主要调查用户对于产品的使用程度及年龄、性别、职业等多方面信息，用于后续的人群分组，以便筛选出最有价值的信息；第三部分是问卷的主体模块，这部分主要通过一系列的问题调查用户的行为和态度；第四部分是其他模块，这部分主要以开放性问题为主，旨在收集用户的其他反馈，捕捉方案中遗漏的点，同时展示倾听用户的姿态。

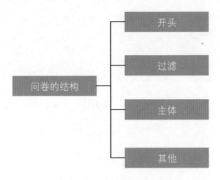

图 10-22　问卷的结构

2. 问题的类型

问卷中问题类型的划分如图 10-23 所示，从大类上可以分为开放式问题和封闭式问题。开放式问题根据其开放程度可以分为开放自由式、语句完成式、字眼联想式三种类型。对于开放式问题的分析可以基于词频及逆文档频率 TF-IDF（term frequency inverse document frequency）方法识别用户态度是正面的还是负面的。

封闭式问题也可以分为三种类型：选择类、评分类及排序类。

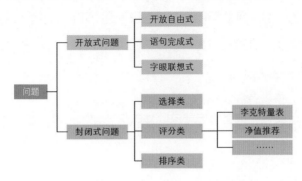

图 10-23　问题的分类

评分类问题一般参考李克特量表（Likert scale）、净值推荐（Net Promoter Score，NPS）等评分类量表的原则设计。下面简单介绍李克特量表和净值推荐两种评分量表。

（1）李克特量表。

李克特量表是一种用于衡量客户态度和意见的五分评定量表，用户需要从五个选项，即"非常满意"到"非常不满意"中选择一个来表示他们同意或者满意的程度。在数据分析时可以计算每个选项的占比，或者为每个选项赋予特定的分值，然后计算总体得分。

李克特量表虽然能从一定程度衡量用户的态度，但作为一个五分量表，大部分用户倾向于选择中立态度，因而从数据结果层面无法准确衡量用户的态度倾向。

（2）净值推荐（NPS）。

净值推荐是一个 11 分量表，即 0～10 分的量表，通过用户打分范围将用户分为三种不同类别。打分在 9～10 分的用户是推荐者，打分在 7～8 分的用户是被动者，打分在 6 分及以下的用户是贬损者。根据用户打分得到用户分组之后，可以计算推荐者所占百分比减去贬损者所占百分比，以此来衡量用户的态度倾向。

（3）排序类。

排序类问题，顾名思义就是对某些选项的重要程度进行排序以衡量用户倾向。有时候为了保证问卷质量，经常会在排序类问题部分设置一些测谎题，以根据用户测谎题的结果判断该问卷是否是有效问卷，从而剔除异常数据，减少脏数据对于问卷结果的影响。

在测谎题中会设定一定的要求，统计分析时只统计按照要求填写的问卷，其他问卷按作废处理。例如，"此题请您选 A"，以此来剔除没有认真读题的用户。

3. 问卷的设计原则

讲完问卷结构和问题类型之后就到了问卷设计环节了。问卷设计得好坏决定了能否收集到准确可靠的数据，在该环节是有很多原则可以遵循的。这一部分内容就围绕问卷设计过程中需要遵守的原则展开。

（1）态度中立，无引导性。

态度中立，不刻意引导用户是问卷设计的第一大原则，下面举个例子来说明什么是态度中立。

有引导性的问题：当刷到精彩的视频时，你会点赞吗？

态度中立的问题：当刷到精彩的视频时，你会做什么？

A. 点赞　　　B. 投币　　　C. 转发　　　D. 一键三连

F. 什么也不操作　　　　　E. 其他＿＿＿

（2）通俗易懂，不问太专业的问题。

在问卷设计时尽量少用专业术语，要将专业术语改为通俗易懂的语言，让用户选出选项，数据分析师通过用户选出的选项判断其类型。

您认为自己是哪一类用户？

A. 休闲娱乐型　　　　B. 学习型　　　　C. 购物主导型　　　　D. 哲理沉思型

改为：

您在刷视频时，感到最开心的时刻是？

A. 刷到能博人一笑的段子　　　　B. 刷到有用的小知识

C. 刷到物美价廉的小商品　　　　D. 刷到富含哲理的小片段

（3）简洁明确，限定清晰，不要一次提两个问题。

问题设计时不要在一道题目中同时提出两个问题，因为这样可能造成回收数据时不知道用户是针对哪个问题给出的答案。

两个问题：你认为短视频平台的内容丰富度及 UI 设计怎么样？

问题拆分：-你认为短视频平台的内容丰富度怎么样？

　　　　　-你认为短视频平台的 UI 设计怎么样？

（4）不提假设性问题，不问还没发生的事情。

不问无法验证真实性的问题，建议询问用户过去的行为，而非未来的行为。大部分时候，让被调查者预测未来行为没有意义，因为没有实际行为，无法验证真实性。建议询问他们现在和过去的行为。例如，如果我们开发了一个类似的短视频产品，你会去用吗？

（5）避免极端化。

极端的区分维度会让大部分用户趋于选择中间值，回收结果往往无法观察到真实的分布情况 。

极端化问题：每次登录 B 站你都会看视频排行榜吗？

非极端化问题：登录 B 站后你看视频排行榜的频率如何？

（6）其他需要注意的问题。

除了以上几点，主观题不宜太多、跳转不要太多、问题数量不要太多以及设置相应数量的测谎题都是问卷设计过程中需要注意的问题。

主观题太多可能会收到很多不同的答案，需要额外花费时间和精力去整理答案；同样地，跳转太多也会增加数据整理和分析的难度；问题数量太多可能会造成大部分被调查者胡乱填写或者直接放弃；如果预算充足的话，可以考虑设置一些奖励，从而获得相对较高质量的数据；但部分用户为了骗取奖励可能会乱填问卷，数据分析师可以在问卷设计环节设置测谎题，后期分析时数据分析师需要将该数据删除。

同样地，在选项设计方面，选项互斥、界限清晰是最基本的原则。在此基础上，用具体的数据代替用户主观的判断。例如，询问用户使用频率时，可以用"每天使用 3 ~ 4 小时"代替"经常使用"。另外，问卷选项需要穷尽所有可能性。同时，为了获得质量更高的答卷，数据分析师可以调整选项的顺序，将其随机化以避免顺序效应，也可以将不常选的选项放在前面。

10.4.3 问卷的投放

问卷设计完毕，经过团队内部的讨论修改后就可以对其进行投放了。在问卷投放前需要确认问卷能够正常跳转、提交并在内部进行小量测试以发现问卷潜在的问题。除此之外，确定投放时间、投放对象、样本数量及投放渠道是问卷投放环节需要解决的问题。

1. 投放时间

不同属性的产品，其用户活跃时间各有不同。选择活跃用户较多的时间段投放问卷，能够回收到相对较多的问卷。

2. 确定样本条件

对于样本，需要根据研究主题进行选择。可以根据用户标签筛选与研究主题一致的用户作为研究样本。如果没有用户标签体系，可以根据用户行为向特定的用户推送问卷。

3. 样本量

样本量是由总体规模、总体差异性、置信度及可接受误差等因素决定的。目前已经有很多开源的工具支持样本量的计算。计算样本量时数据分析师通常假设总体差异性最大、置信度为 95%，然后根据不同的调研需求确定总体规模和可接受的误差大小，并最终得出所需要的样本量。

　　例如，我们想要计算置信度为 99%、误差幅度为 1、总体数量为 6789006 的用户群中需要抽取的样本量时，直接在样本量计算器中输入参数，即可计算出样本量，如图 10-24 所示。

图 10-24　样本量计算器的使用

10.4.4　数据分析及报告撰写

　　在数据分析环节，数据分析师需要对回收的问卷进行筛选，即根据答卷质量及测谎题剔除一些无效答卷，从而保证数据质量。完成数据清洗后数据分析师可以通过 Excel、SPSS、Python 等工具对数据进行描述性统计分析。最后结合对用户和业务的理解，挖掘数据背后隐藏的问题并回答问卷设计时所要解决的问题，并提出有建设性的意见或建议。

10.4.5　通过问卷获取信息可能存在的问题

　　问卷调查用户流失原因也存在一定的问题。首先，如何正确选择无偏的抽样群体是问卷调查的第一大问题。在抽样过程中保证样本能够代替总体用户是一个比较困难的事情。而且愿意填写调查问卷的用户可能对于产品还是有一定的倾向和偏好的，以至于收集到的结果往往存在一定的偏差，数据分析结果也会存在一定的"幸存者偏差"。面对这类问题，就需要问卷设计者从设计的角度使用一定的技巧尽量减少这些问题对于结果的影响。其次，部分用户在填写问卷时可能存在随意选择或者直接乱填的现象，对于这类问题也需要在问卷设计时设计测谎题，并在结果处理时删除这些数据，以避免这些数据影响整体结果。除此之外，对于问卷结果的分析也需要一定的方法和技巧。

10.5 Python 实战：通过生存分析预测用户流失周期

生存分析（Survival Analysis）源于生物医学，早期主要是对生存时间进行分析，后来该方法也应用于各类商业分析，主要研究用户从一种状态转变到另一种状态所经历的时间。举个例子来说，在互联网行业，用户流失是较为常见的分析主题。生存分析法就可以用于探究用户从进入产品到流失这一过程的转变时长。当然除流失之外，该方法也可以用于用户转化分析等多个应用场景。这一节，笔者会运用生存分析法通过 Python 预测用户流失周期。

10.5.1 生存分析

1. 什么是生存分析

生存分析是探究事件发生时间的一系列统计学方法的统称，包括描述法、参数法、半参数法和非参数法。生存分析是一种既考虑结果又考虑生存时间的统计学方法，它可充分利用截尾数据所提供的不完全信息描述生存时间的分布，分析影响生存时间的因素[22]。

虽然生存分析囊括了多种分析方法，但是想要做生存分析，数据集需要包括两个变量，其一是所关心的事件是否发生，这是一个二分类变量，在用户流失的例子中就是用户是否流失；其二是时间周期，在用户流失分析中就是用户注册产品的时间到最近以此观察其是否流失之间的时间差。

2. 为什么要用生存分析

相比于其他机器学习模型，生存分析有其独特的优势。用户流失与否是一个分类问题，机器学习模型中的分类算法只能对用户进行分类、打上标签，但是对于何时流失这个问题，这些模型无法解决。举个例子来说，如果用逻辑回归法去预测用户是否会流失，该方法会根据用户历史数据特征输出用户流失的概率，数据分析师可以选择一个阈值对用户进行分类，但模型没有明确的流失时间点。而生存分析恰好解决了这个问题，这也是生存分析广泛应用于流失分析的原因之一。除此之外，生存分析包含多种分析方法，其中非参数法不需要考虑数据分布，这也是其受欢迎的原因之一。

3. 常用的生存分析模型

生存分析的方法很多，但 Kaplan-Meier 分析模型和 Cox 比例风险回归模型是生存分析中较为常用的方法，前者用于组间比较，后者用于多因素分析。下面将会详细介绍这两种分析方法的原理。

1）KM（Kaplan-Meier）分析模型

生存概率（Survival Probability）是生存分析中重要的概念之一。KM 分析模型是一种通过无参数方法观察生存时间，从而估计生存概率的方法，在流失用户分析中可以理解为通过观察用户留存时间估计其留存概率的方法。

用户的生存概率可以用式（10.1）表示。

$$S(t) = P_r(T > \text{t}) \tag{10.1}$$

该式表示事件发生的时间 T 不小于给定的时间 t 的概率。

假如数据分析师想要研究第 n 个时间点 t_n，生存概率可以用式（10.2）表示。

$$S(t_n) = S(t_{n-1})\left(1 - \frac{d_n}{r_n}\right) \tag{10.2}$$

$S(t_{n-1})$ 是 t_{n-1} 时间点的生存概率，d_n 是在时间点 t_n 所发生的用户流失事件数，r_n 是快到 t_n 时刻还留存的用户。

以上就是 KM 分析模型的基本原理，通过 KM 分析模型可以绘制出多条生存曲线，如果需要判断它们之间是否有差异显著性可以通过 Log-Rank 方法实现。Log-Rank 是一种非参数检验方法，广泛应用于生存分析的差异显著性分析，这里不再赘述，有兴趣的读者可以参考统计学相关书籍[22]。

2）Cox 比例风险回归模型

在正式介绍 Cox 比例风险回归模型之前，我们先了解生存分析中另一个重要概念——风险概率（hazard probability）。风险概率是指在时间 t 之前未发生流失的情况下，在时间 t 发生用户流失的概率。风险概率可以用式（10.3）表示。

$$H(t_n) = \lim_{\delta(t) \to 0} \frac{P_r\big(t \leq T \leq t + \delta(t) \mid T \geq t\big)}{\delta(t)} \tag{10.3}$$

当针对单因子进行生存分析时，生存概率 $S(t)$ 与风险概率 $H(t)$ 的关系可以表示为式（10.4）。

$$H(t) = -\log\big(S(t)\big) \tag{10.4}$$

KM 分析模型只能分析分类变量与生存概率之间的关系，连续变量对生存概率造成的影响却无能为力；同时无论是用 KM 分析模型计算生存概率还是用式（10.3）计算风险概率仅适用于单变量分析。然而，多变量分析在现实工作场景中是普遍存在的，例如，用户的流失可能受到性别、年龄、产品版本变化等多种因素的影响。Cox 比例风险回归模型（Cox Proportional Hazards Regression Model）正好可以解决上述两个问题，下面就让我们一起揭开 Cox 比例风险回归模型的神秘面纱。

Cox 比例风险回归模型以各种影响用户流失的变量 x 作为自变量，风险函数作为因变量，其基本形式可以写成式（10.5）。

$$H(t,x) = H_0(t)\exp\left(\beta_1 x_1 + \beta_2 x_2 + \cdots + \beta_i x_i\right) \qquad (10.5)$$

式中，$\beta_1, \beta_2, \cdots, \beta_i$ 为自变量的偏回归系数，是自变量 x 为 0 时，$H_0(t)$ 的基准风险比率。Cox 比例风险回归模型的另一表达式为

$$\ln\left[\frac{H(t,x)}{H_0(t)}\right] = \ln RR = \beta_1 x_1 + \beta_2 x_2 + \cdots + \beta_i x_i \qquad (10.6)$$

Cox 比例风险回归模型遵循两个基本的假定：其一是比例风险假定，即各个危险因素的作用不随时间的变化而变化，如式（10.5）；其二是协变量应与对数风险比呈线性关系，如式（10.6）。

10.5.2 数据基本情况探索

了解了生存分析的相关知识之后就可以着手准备实战了。此处使用 Kaggle 开源的用户流失数据集，包括用户编号、性别、年龄、账户余额、是否流失等多个维度的用户属性数据[①]。

在正式建模之前，数据分析师需要了解数据的基本情况，比如查看数据有哪些字段，各字段是什么类型，有没有缺失值、异常值等情况。数据分析师掌握数据的基本情况对后续的数据预处理和分析都是有极大帮助的。首先，通过如下代码导入数据并且查看基本情况。

---

① Kaggle, Shubham K. Churn Modelling-Deep Learning Artificial Neural Network Used[EB/OL].

```
#导入此次分析所需要的包
import math as mt
import numpy as np
import pandas as pd
from scipy.stats import norm
import scipy
import matplotlib.pyplot as plt
import seaborn as sns

survival_data=pd.read_csv("Churn_Modelling.csv")
survival_data.info()
```

```
<class 'pandas.core.frame.DataFrame'>
RangeIndex: 10000 entries, 0 to 9999
Data columns (total 14 columns):
 #   Column           Non-Null Count   Dtype
---  ------           --------------   -----
 0   RowNumber        10000 non-null   int64
 1   CustomerId       10000 non-null   int64
 2   Surname          10000 non-null   object
 3   CreditScore      10000 non-null   int64
 4   Geography        10000 non-null   object
 5   Gender           10000 non-null   object
 6   Age              10000 non-null   int64
 7   Tenure           10000 non-null   int64
 8   Balance          10000 non-null   float64
 9   NumOfProducts    10000 non-null   int64
 10  HasCrCard        10000 non-null   int64
 11  IsActiveMember   10000 non-null   int64
 12  EstimatedSalary  10000 non-null   float64
 13  Exited           10000 non-null   int64
dtypes: float64(2), int64(9), object(3)
memory usage: 1.1+ MB
```

　　由上述的结果可知，该用户流失数据集既包括数值变量，又包括分类变量。对于数值变量来说，数据分析师需要了解其数值范围；对于分类变量来说，数据分析师需要知道其有多少种类别。如下代码实现了数值变量基本信息的展示。

```
survival_data=survival_data.drop(['RowNumber','Surname'], axis=1)
survival_data[['CreditScore','Age','Tenure','Balance','NumOfProducts','EstimatedSalary']].describe().trans
pose()
```

	count	mean	std	min	25%	50%	75%	max
CreditScore	10000.0	650.52	96.65	350.00	584.00	652.00	718.00	850.00
Age	10000.0	38.92	10.49	18.00	32.00	37.000	44.00	92.00
Tenure	10000.0	5.01	2.89	0.00	3.00	5.00	7.00	10.00
Balance	10000.0	76485.89	62397.41	0.00	0.00	97198.54	127644.24	250898.09
NumOfProducts	10000.0	1.53	0.58	1.00	1.00	1.00	2.00	4.00
EstimatedSalary	10000.0	100090.250.49	11.5851002.11	100193.92	149388.25	199992.48		

了解了数值变量的基本信息后，如下代码实现了分类变量的基本信息的展示。

```
survival_data.describe(include='object').transpose()
```

	count	unique	top	freq
Geography	10000	3	France	5014
Gender	10000	2	Male	5457

为了了解各个特征在流失用户与非流失用户之间的差异，可通过如下代码实现数据可视化。

```
fig,axes = plt.subplots(nrows=2,ncols=3, figsize=(10,8),dpi=600)
keyvalue = survival_data[['CreditScore','Age','Tenure','Balance','NumOfProducts','EstimatedSalary']]
for ax, column in zip(axes.ravel(),keyvalue):
    sns.boxplot(x=survival_data['Exited'],
            y=keyvalue[column], ax=ax)
    plt.tight_layout()
```

结果如图 10-25 所示，除了年龄及账户余额两个特征，其余特征在流失用户组与非流失用户组之间的差异并不大。

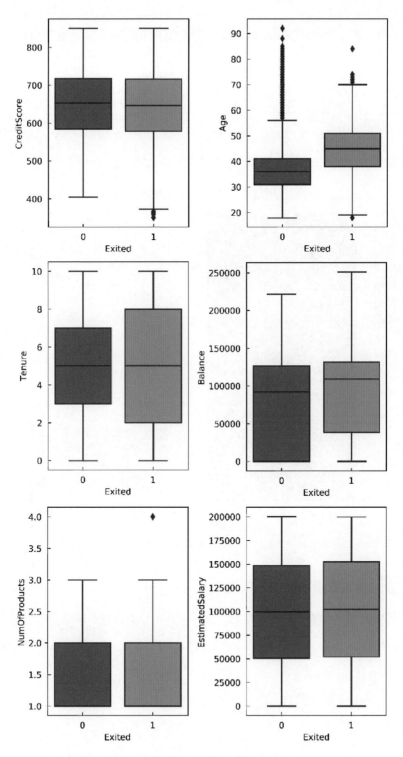

图 10-25　流失用户与非流失用户各个特征的对比

正、负样本的比例也是数据建模中较为关键的信息，可通过如下代码查看正、负样本数量分布。

```
fig,ax = plt.subplots(figsize=(10,8),dpi=600)
sns.countplot(x=survival_data['Exited'],alpha=.95)
plt.title('Number of Positive and Negative Samples')
```

结果如图 10-26 所示，该数据集中留存用户远远多于流失用户。

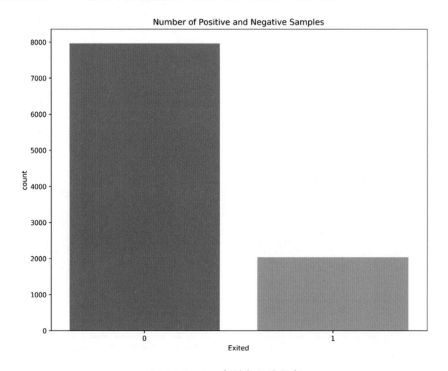

图10-26　正、负样本数量分布

10.5.3 探索变量之间的相关性

为了探究变量之间的相关性，数据分析师需要将分类数据处理成 0-1 变量形式，即 one-hot 编码形式。此处直接调用 sklearn 中的 LabelEncoder 即可实现 one-hot 编码，代码如下。

```
from sklearn.preprocessing import LabelEncoder
data= survival_data.copy()
lec = LabelEncoder()
data.loc[:,'Geography':'Gender']=data.loc[:,'Geography':'Gender'].transform(lec.fit_transform)
```

完成 one-hot 编码之后，数据分析师可以分析各个特征之间的相关性，初步探究影响用户流失的因素，实现代码如下。

```
fig = plt.figure(figsize=(24,12),dpi=600)
ax = sns.heatmap(data.corr(), cmap="YlGnBu",
        linecolor='black', lw=.65,annot=True, alpha=.95)
ax.set_xticklabels([x for x in data.columns])
ax.set_yticklabels([y for y in data.columns])
plt.show()
```

各个特征之间的相关性结果如图 10-27 所示，初步判断与用户流失相关的因素主要是年龄及账户余额。

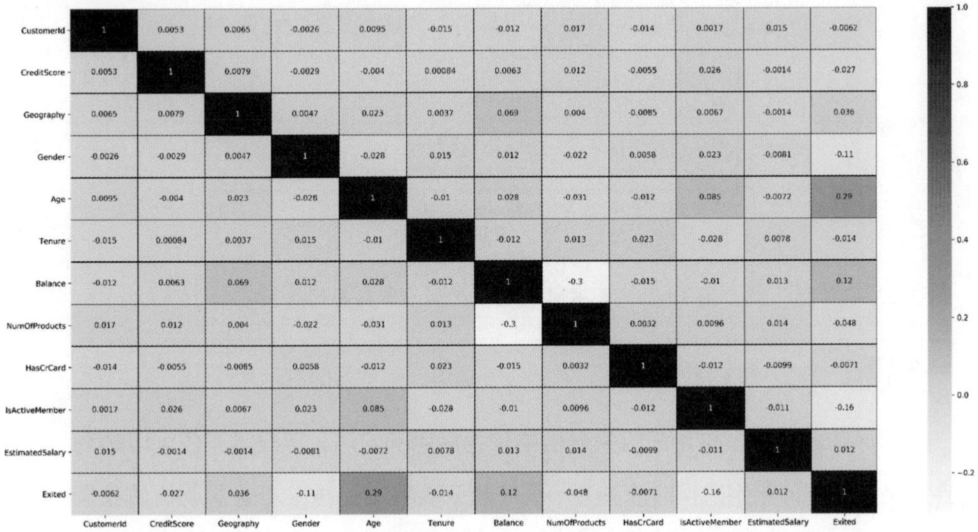

图 10-27　相关性结果

10.5.4　用 KM 模型分析用户留存率

首先，笔者通过 KM 模型分析用户留存率，这里可以直接通过 Python 生存分析包 lifelines 实现，具体实现代码如下。

```
from lifelines import NelsonAalenFitter, CoxPHFitter, KaplanMeierFitter
from lifelines.statistics import logrank_test
plt.figure(dpi=600)
kmf = KaplanMeierFitter()
kmf.fit(data['Tenure'], event_observed=data['Exited'])
```

```
kmf.plot()
plt.title('Retain probability')
```

结果如图 10-28 所示，用户的留存率随时间的推移逐渐下降。数据分析师的职责是找出即将流失的用户或者在未来有流失风险的用户，并预测其流失节点，以辅助运营人员对用户进行一定的干预，从而实现用户留存率的提升。

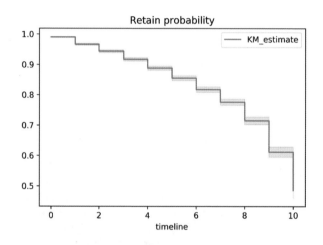

图 10-28 用 KM 模型分析用户留存率的结果

10.5.5 Cox 风险比例模型

Cox 风险比例模型是用户流失分析中较为常用的方法，该模型不仅可以预测用户是否会流失，还能预测用户何时流失。下面一起来看看如何通过 Cox 风险比例模型预测用户流失。

1. Cox 风险比例模型的建模

首先，我们通过 sklearn 的 train_test_split()函数将数据集按照 8：2 的比例分为训练集和测试集；其次，利用 lifelines 包中的 CoxPHFitter()函数实现数据拟合，如下代码是 Cox 风险比例模型建模的过程。

```
from sklearn.model_selection import train_test_split
train_data, test_data = train_test_split(data, test_size=0.2)
from lifelines import CoxPHFitter
formula = 'CreditScore+ Geography + Gender + Age + Balance+ NumOfProducts+ HasCrCard +
IsActiveMember + EstimatedSalary'
```

```
model = CoxPHFitter(penalizer=0.01, l1_ratio=0)
model = model.fit(train_data.drop("CustomerId",axis=1), 'Tenure', event_col='Exited',formula=formula)
model.print_summary()
```

模型的汇总信息如下所示，生存模型中我们输入的生存时间列为'Tenure'，观察的事件列为'Exited'，代表用户是否流失。在训练集中一共有 8000 个样本，其中观察到 1628 个流失事件。

Model	lifelines.CoxPHFitter
duration col	'Tenure'
event col	'Exited'
penalizer	0.01
l1 ratio	0
baseline estimation	breslow
number of observations	8000
number of events observed	1628
partial log-likelihood	−12869.52
time fit was run	2021-07-13 08:01:05 UTC

当然模型信息中也给出了模型效果评价的指标，如下所示包括一致性指数（Concordance Index）、赤池信息量准则（Akaike information criterion）及似然比检验（Likelihood ratio test）等指标。一致性指数最大值为 1，生存分析模型的一致性指数为 71%，说明 Cox 风险比例模型效果一般。

Concordance	0.71
Partial AIC	25757.03
log-likelihood ratio test	818.22 on 9 df
-log2(p) of ll-ratio test	563.38

部分特征的模型系数如表 10-1 所示，如果系数是正的，那么该特征容易使用户流失；如果系数是负的，那么拥有该特征的用户不太容易流失。同时，模型还给出了特征的显著性。

从分析结果来看，年龄和账户余额是用户流失的主要原因，且在 95%的置信度下是具有显著性的，该结果和相关分析的结果是一致的。

2．Cox 风险比例模型效果评估

1）一致性指数

Cox 风险比例模型的评判指标是一致性指数（Concordance Index），该指标是针对模型内部一致性的评估。对于 Cox 风险比例模型的一致性可以这样理解，如果某个特征的风险增加了，那么具有该特征的观察结果风险会高。如果 Cox 风险比例模型满足上述原则，那么模型一致性会上升；如果不满足上述原则，模型一致性会下降。其实现代码如下。

```
plt.figure(figsize = (6,10),dpi=600)
model.plot(hazard_ratios=True)
plt.xlabel('Hazard Ratios (95% CI)')
plt.title('Hazard Ratios')
```

表 10-1 Cox 风险比例模型中部分特征的模型系数

	coef	exp(coef)	se(coef)	coef lower 95%	coef upper 95%	exp(coef) lower 95%	exp(coef) upper 95%	z	p	−log2(p)
Age	0.05	1.05	0.00	0.04	0.05	1.04	1.05	23.75	<0.005	411.94
Balance	0.00	1.00	0.00	0.00	0.00	1.00	1.00	8.07	<0.005	50.35
CreditScore	−0.00	1.00	0.00	−0.00	−0.00	1.00	1.00	−2.34	0.02	5.68
EstimatedSalary	−0.00	1.00	0.00	−0.00	0.00	1.00	1.00	−0.13	0.90	0.15
Gender	−0.36	0.70	0.05	−0.46	−0.27	0.63	0.77	−7.42	<0.005	42.98
Geography	0.07	1.07	0.03	0.01	0.13	1.01	1.13	2.26	0.02	5.40
HasCrCard	−0.11	0.90	0.05	−0.21	−0.01	0.81	0.99	−2.08	0.04	4.75
IsActiveMember	−0.70	0.50	0.05	−0.80	−0.60	0.45	0.55	−13.67	<0.005	138.92
NumOfProducts	−0.05	0.95	0.04	−0.13	0.03	0.88	1.03	−1.17	0.24	2.04

Cox 风险比例模型的一致性检验结果如图 10-29 所示，显示该模型满足一致性原则。

2）布里尔分数（Brier Score）

布里尔分数是一个衡量 Cox 风险比例模型校准性的参数，其值越低，校准性越好。Cox 风险比例模型的布里尔分数校准通过如下代码实现。

```
from sklearn.metrics import brier_score_loss
loss_dict = {}
for i in range(1,10):
    score = brier_score_loss(
        test_data['Exited'], 1-np.array(model.predict_survival_function(test_data).loc[i]), pos_label=1 )
    loss_dict[i] = [score]


loss_df = pd.DataFrame(loss_dict).T


fig, ax = plt.subplots(dpi=600)
```

```
ax.plot(loss_df.index, loss_df)
ax.set(xlabel='Prediction Time', ylabel='Calibration Loss', title='Cox PH Model Calibration Loss / Time')
plt.show()
```

　　布里尔分数校准结果如图 10-30 所示，从校准结果看 Cox 风险比例模型在 6～8 个月时间周期中校准性较好，之后随着时间推移，其校准性越来越差。因此，在对用户价值进行估算时，需要对模型进行校准。

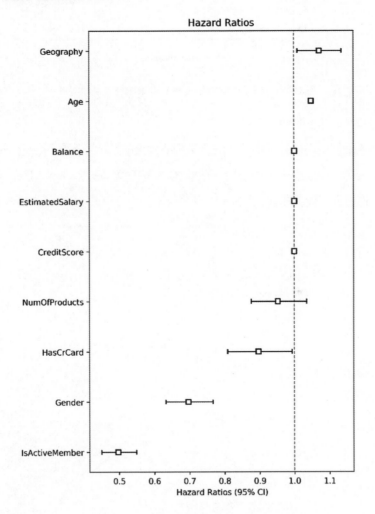

图 10-29　Cox 风险比例模型的一致性检验结果

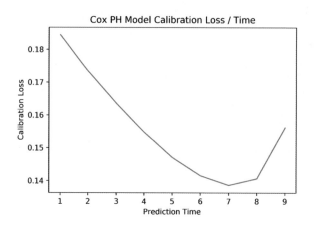

图 10-30　Cox 风险比例模型的布里尔分数校准结果

3）校准曲线（Calibration）

校准曲线是使用连续数据离散化的方法判断模型的预测概率是否接近于真实概率。理想情况下，校准曲线是一条对角线，即预测概率等于真实概率。Cox 风险比例模型的校准曲线可以通过如下代码实现。

```
from sklearn.calibration import calibration_curve
plt.figure(figsize=(10, 10),dpi=600)
ax = plt.subplot2grid((3, 1), (0, 0), rowspan=2)
ax.plot([0, 1], [0, 1], "k:", label="Perfectly calibrated")

probs = 1-np.array(model.predict_survival_function(test_data).loc[7])

actual = test_data['Exited']
fraction_of_positives, mean_predicted_value = calibration_curve(actual, probs, n_bins=10, normalize=False)

ax.plot(mean_predicted_value, fraction_of_positives, "s-", label="%s" % ("CoxPH",))
ax.set_ylabel("Fraction of positives")
ax.set_ylim([-0.05, 1.05])
ax.legend(loc="lower right")
ax.set_title('Calibration plots (reliability curve)')
```

如图 10-31 所示，Cox 风险比例模型的校准曲线接近对角线，但在曲线底端高估了用户的留存率，即低估了流失率；而在曲线的上端低估了用户的留存率，即高估了流失率。

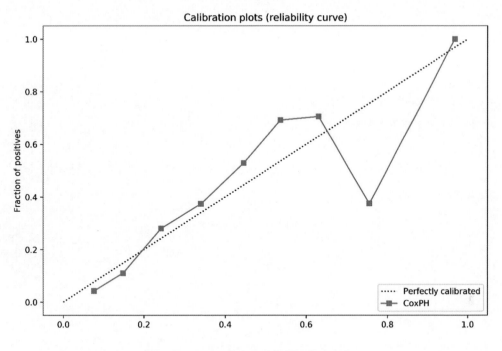

图 10-31 Cox 风险比例模型的校准曲线

3. 用 Cox 风险比例模型预测用户流失

完成了 Cox 风险比例模型的建模及模型效果评估之后，我们就利用建立好的模型预测那些还未流失的用户在未来是否会流失，何时流失。首先，我们在测试数据集中选出未流失的用户；其次用 lifelines 包中的 predict_survival_function()函数对数据进行预测，实现代码如下。

```
nochurn_data=test_data.loc[test_data['Exited']==0]
churn_clients = pd.DataFrame(model.predict_survival_function(nochurn_data))
```

挑选几个用户绘制其留存曲线，以更加直观地观察用户留存率随时间的变化趋势，实现代码如下。

```
plt.figure(figsize=(10, 10),dpi=600)
churn_clients[churn_clients.columns[0]].plot(color='b', label=churn_clients.columns[0])
churn_clients[churn_clients.columns[1]].plot(color='y', label=churn_clients.columns[168])
churn_clients[churn_clients.columns[3]].plot(color='r', label=churn_clients.columns[368])
churn_clients[churn_clients.columns[4]].plot(color='g', label=churn_clients.columns[846])
plt.plot([i for i in range(0,20)],[0.5 for i in range(0,20)],'k--', label='Threshold=0.5')
```

```
plt.ylim(0,1)
plt.xlim(0,10)
plt.xlabel('Timeline')
plt.ylabel('Retain probability')
plt.legend(loc='best')
plt.title('The Churn Trend of Samples')
```

留存曲线如图 10-32 所示，可以看到抽样的四个用户均为忠诚用户，直到 10 个月依然保持较高的留存率。

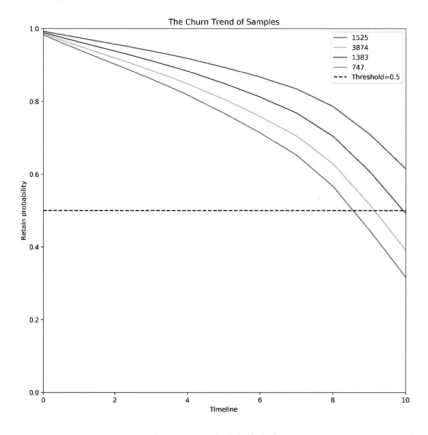

图 10-32 用户的留存曲线

同样的方法，数据分析师可以批量预测用户的流失节点并将用户流失节点反馈给运营人员，以方便运营人员在合适的节点对用户进行一定的干预。

第 11 章　用户转化与付费分析

对于互联网企业来说，用户就是流量，因此拉新、促活和转化是互联网企业运营不变的主题。但在互联网的下半场，拉新已经变得不那么容易，促活和转化才是王道。因此，本章立足于用户转化这一主题，介绍用户转化相关的分析方法及其在具体场景中的应用。首先，介绍基于贝叶斯公式估计各类活动的用户转化率；其次，分享通过漏斗模型分析某电商换货业务，提升用户转化率的实际案例；再次，通过介绍营销增益模型实现用户分群的方法，以辅助运营人员识别营销敏感人群；最后，通过 Python 语言基于开源数据集利用营销增益模型标记营销敏感人群，辅助运营人员提升用户转化率。

11.1　用户转化与付费分析概述

用户活跃与用户转化是互联网企业的第一关键要务。因此在同等条件下，提升用户的转化率，进而提升企业整体营收是较为关键的运营活动。数据分析师在用户转化中也承担了重要的分析角色。本节将围绕用户转化与付费展开讨论，介绍用户转化的相关分析方法及其在具体场景中的应用。

11.1.1　从用户转化谈数据分析师的职责

对于一款互联网产品来说，用户就是基石。如图 11-1 所示，用户从各个渠道、各个媒介进入产品之后成为新用户，但是这些新用户并不会全部留下，因此对于新用户通常会给予一些新人奖励以提高他们在产品中的留存率。但如果新用户对于产品不太满意，他们可能就会成为沉默用户，不在产品中活跃，或者直接卸载产品成为流失用户。对于沉默用户和流失用户来说，促活和召回是必不可少的运营策略，只有提升用户活跃度，减少用户流失，才能积累更大的活跃用户池，也才有可能实现更多用户的转化以及营收的提升。

从用户转化角度，数据分析师的职责有：通过数据辅助运营人员分析用户流失的原因，增加用户池的规模；通过预估不同转化策略的转化率，辅助运营人员选择最优转化方案，实现最大投入产出比；通过用户分群辅助运营人员实现分层运营，以提升公司营收等。

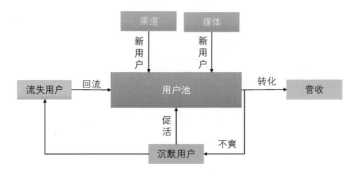

图 11-1　用户转化流程

11.1.2　用户转化与付费常用的分析方法介绍

了解了用户转化的过程，接下来就一起来看看在用户转化与付费分析中数据分析师常常遇到的问题以及较为常用的方法体系。

如图 11-2 所示，根据运营人员在不同时间段的用户转化场景，笔者将转化分析需求归纳为四大类。在转化方案确定时期，运营人员可能提出多个转化方案，想要数据分析师根据历史数据或者小规模试验数据预估各个方案的用户付费转化率。当用户发生转化之后，运营人员想要提升用户转化率，数据分析师就需要从用户转化路径着手，通过漏斗分析明确每个转化环节漏掉的用户，这些用户为什么漏掉以辅助运营人员设计提升转化率的方案。除此之外，充分利用用户标签、RFM 模型及营销增益模型等可以帮助运营人员实现用户分层运营，提升整体营收。另外，通过生存分析、机器学习等预估用户流失周期及用户生命总价值，辅助运营人员进行用户干预，实现对重点用户的精细化运营也是数据分析师在用户转化阶段的重要任务。

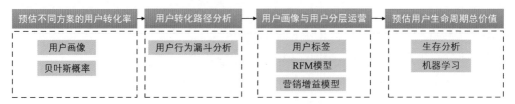

图 11-2　数据分析师在用户转化分析中常见的场景及其对应的分析方法

11.2　贝叶斯公式在用户转化中的应用

用户增长和用户转化是互联网企业永恒的主题，用户增长和转化的策略和手段是多种多样的，但是每种策略和手段所需的成本不一样，其带来的转化效果也是不一样的。因此，预估用户转化率，预判不同转化方案达成的效果，以辅助运营人员选择最优方案达到最大的投入产出比，成为数据分析师的重要工作内容之一。这一节将会通过具体的案例阐述贝叶斯公式在用户转化预估中的应用。

11.2.1　贝叶斯公式简介

在分析具体的案例之前，我们先来了解什么是贝叶斯公式。贝叶斯公式是用先验概率推测后验概率的，说到贝叶斯推理，我们不得不说一下条件概率。在事件 B 发生的情况下，事件 A 发生的概率通常记为 $P(A|B)$ ，也就是条件概率。条件概率公式如下：

$$P(A|B) = \frac{P(A \cap B)}{P(B)} \tag{11.1}$$

对公式（11.1）变形得到公式（11.2）和公式（11.3）：

$$P(A \cap B) = P(A|B)P(B) \tag{11.2}$$

$$P(A \cap B) = P(B|A)P(A) \tag{11.3}$$

对公式（11.2）和公式（11.3）做等价替换，得到公式（11.4）：

$$P(A|B)P(B) = P(B|A)P(A) \tag{11.4}$$

对公式（11.4）进行移项处理，得到公式（11.5），即大名鼎鼎的贝叶斯公式。

$$P(A|B) = \frac{P(B|A)P(A)}{P(B)} \tag{11.5}$$

11.2.2　用贝叶斯公式预估特定群体的转化率

看到这里，想必你已经理解了贝叶斯公式的推导过程，那么贝叶斯公式在现实的数据分析场景中如何运用呢？

下面通过广告投放案例[23]说明贝叶斯公式在数据分析中的应用。

广告投放中，广告主往往期望通过最低的成本带来最高的转化效益，利用 A/B 试验选择最优的广告创意，以及通过历史数据创建用户画像指导广告定向投放，都是较为常用的策略选择评估方法。在利用用户画像指导广告定向投放时，广告主通常会选择转化率高的用户组优先进行投放，以达到最大的投入产出比。

数据分析师要做的就是根据历史数据及用户画像预估不同方案的转化率，已知用户

发生转化的概率 $P(t=1)=53.30\%$，不发生转化的概率为 $P(t=0)=46.70\%$。其余用户画像数据如表 11-1 所示。基于用户画像计算定向广告用户（性别为"男性"，年龄为"35～39 岁"，操作系统为"iOS"）转化的可能性。

表 11-1　定向广告用户画像数据

	性　　别		操　作　系　统		年　　　　龄			
	男性	女性	Android	iOS	18～24 岁	25～29 岁	30～34 岁	35～39 岁
转化=1	57.10%	42.90%	35.70%	64.30%	7.10%	14.30%	35.70%	42.90%
转化=0	43.80%	56.20%	68.80%	31.20%	50.00%	37.50%	2.00%	10.50%

上述问题是一个典型的利用贝叶斯公式进行求解的问题，记 x 为 35～39 岁、使用 iOS 操作系统的男性，$t=1$ 表示转化，$t=0$ 表示未转化。

由用户画像数据可知，　$P(t=1)=53.30\%$，$P(t=0)=46.70\%$。

根据用户画像数据可以求出在转化的条件下 35～39 岁使用 iOS 操作系统的男性用户出现的概率，计算过程如下。

$$P(x\,|\,t=1)=57.10\%\times64.30\%\times42.90\%\approx15.75\% \tag{11.6}$$

根据公式（11.5），得到公式（11.7）：

$$P(x\,|\,t=1)=\frac{P(t=1\,|\,x)P(x)}{P(t=1)} \tag{11.7}$$

对公式（11.7）变形，得到公式（11.8）：

$$P(t=1\,|\,x)=\frac{P(t=1)P(x\,|\,t=1)}{P(x)} \tag{11.8}$$

同样地，根据用户画像数据也可以求出在未转化的条件下 35～39 岁使用 iOS 操作系统的男性用户出现的概率，计算过程不再详述，计算结果如下。

$$P(x\,|\,t=0)=43.80\%\times31.20\%\times10.50\%\approx1.43\% \tag{11.9}$$

根据公式（11.5），有

$$P(x\,|\,t=0)=\frac{P(t=0\,|\,x)P(x)}{P(t=0)} \tag{11.10}$$

对公式（11.10）变形，得到公式（11.11）：

$$P(t=0\,|\,x)=\frac{P(t=0)P(x\,|\,t=0)}{P(x)} \tag{11.11}$$

由全概率公式可知，公式（11.8）与公式（11.11）之和为 1，因此得到公式（11.12）。

$$P(t=1|x) + P(t=0|x) = 1 \qquad (11.12)$$

根据上述的推导，我们将公式（11.8）、公式（11.11）及公式（11.12）联立，解方程组，即可得到 35～39 岁使用 iOS 操作系统的男性用户的转化率。

$$\begin{cases} P(t=1|x) = \dfrac{P(t=1)P(x|t=1)}{P(x)} \\ P(t=0|x) = \dfrac{P(t=0)P(x|t=0)}{P(x)} \\ P(t=1|x) + P(t=0|x) = 1 \end{cases}$$

最终结果为 $P(t=1|x) = 92.63\%$，$P(t=0|x) = 7.37\%$，即 35～39 岁使用 iOS 操作系统的男性用户的转化率为 92.63%，其不转化的概率为 7.37%。

11.3 案例分析：用漏斗模型分析某电商平台换货业务，提升用户转化率

漏斗分析是一套流程式数据分析方法，它能够科学地反映用户行为状态以及从起点到终点各阶段用户转化率的情况。漏斗模型是互联网行业常用的数据分析模型，数据分析师经常将漏斗模型运用于流量监控、用户转化等场景中，以此来辅助运营人员做决策。

这一节，笔者会结合案例讲解如何在具体场景中运用漏斗模型探究用户流失环节，从而提升用户转化率。

11.3.1 什么是漏斗分析

漏斗分析可以直观地呈现用户行为步骤以及各步骤之间的转化率，分析各个步骤之间的转化率，可以为运营人员提供辅助其决策的意见；减少漏掉的用户，可以提升业务规模，提高业务成交量。

如图 11-3 所示，以电商转化为例进行说明，用户从浏览商品到支付订单有一个转化路径，可以把这个转化路径看成一个漏斗。每一个步骤都会漏掉一批用户，据不完全统计，支付订单的用户不足 4%。如果想要提升支付订单的用户比例，毫无疑问需要减少每个步骤漏掉的用户，分析用户在每一关键步骤漏掉的原因，针对这些原因对产品进行改进，从而提升用户转化率。

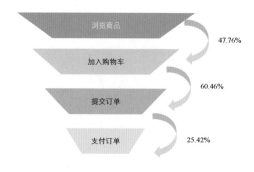

图 11-3　漏斗模型

11.3.2　漏斗分析的核心步骤

如图 11-4 所示，漏斗分析的四要素分别是研究对象、时间、节点及指标。研究对象是数据分析师分析的维度，对于电商来说，常用的维度有人、货、场、订单等；时间是指事件从何时开始到何时结束，也就是数据分析师应用漏斗模型进行研究的时间段；节点是指从事件开始到事件结束所经历的各个步骤，每一步都是事件的关键节点，包括起点、终点和过程性节点，并且涵盖这些节点的命名、标识；指标是对整个事件流程进行分析的工具，也是对漏斗的描述与刻画，它从数据的角度对漏斗模型进行描述，可以全面解读漏斗模型，有助于发现业务问题，指导业务流程优化。

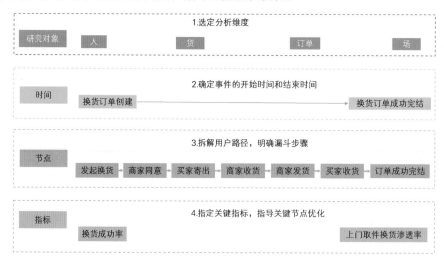

图 11-4　漏斗分析的四要素

根据漏斗分析的四要素，笔者将漏斗分析的核心步骤总结如下：

（1）确定研究对象，选定分析维度，即选定数据统计的角度，如电商常用人、货、场、订单等。

（2）确定事件的开始时间和结束时间，即漏斗模型应用于业务的时间段。

（3）拆解用户路径，明确关键节点，即明确用户在该业务中的每一个步骤节点。

（4）指定关键指标，全面刻画业务，指导业务优化，即通过数据指标诠释业务现状和监控业务发展。

11.3.3 以某电商平台逆向上门取件换货业务为例，详解漏斗分析法

讲完方法论，对于什么是漏斗分析以及漏斗分析的流程，你肯定已经了如指掌了，但是漏斗分析方法论在实际业务中如何应用就得通过实际案例来说明了。下面笔者以某电商平台逆向上门取件换货业务为例，综合运用漏斗分析发现业务问题并给出解决方案！

1. 业务背景介绍

如图 11-5 所示，某电商平台物流逆向业务包括三种不同形式的业务，对于消费者来说，包括上门取件退货和上门取件换货业务；对于商家来说则是拦截件业务。消费者端的上门取件退货业务已经发展成熟，而上门取件换货业务刚刚开始，所以需要对改模块的业务进行系统的分析以发现业务问题，优化现有业务，提升换货成功率及上门取件换货渗透率。

上门取件换货业务路径较长，涉及两段物流，其业务路径的核心指标有两个，第一个是换货成功率，即成功完结的订单量与买家寄出量的比值；第二个是上门取件渗透率，也称为上门取件换货渗透率，即换货业务中选择上门取件的寄出量与买家寄出量的比值。

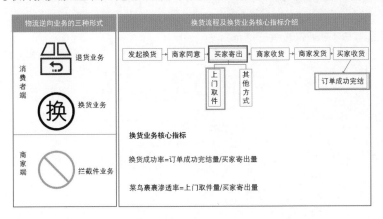

图 11-5 某电商平台物流逆向业务三种形式及换货核心流程介绍

2. 业务指标体系建立

对于一块新业务来说，第一个步骤就是建立一套完整的指标体系以反映业务现状和监控业务长期发展趋势。指标体系的构建方法在第 6 章已经系统地讲解过，这里就不再赘述。

对于某电商平台逆向上门取件换货业务来说，指标体系的建立也是根据业务流程进行数据指标拆解的，提炼核心指标监控业务发展和变化。上门取件换货业务的指标体系包括从发起换货到订单完结各个环节的核心指标，也包括整个业务的核心监控指标，如换货成功率及上门取件换货渗透率。具体的业务指标体系如图 11-6 所示。

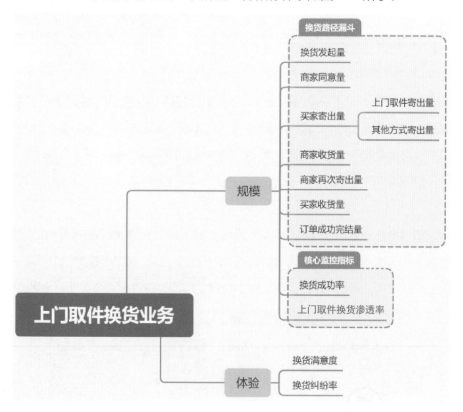

图 11-6　业务指标体系

3. 业务现状概括及业务问题探索

有了指标体系，数据分析师就能看到业务漏斗中每一步的数据，并且发现业务现有的问题。如图 11-7 所示，对于上门取件换货业务来说，主要存在两个核心问题。

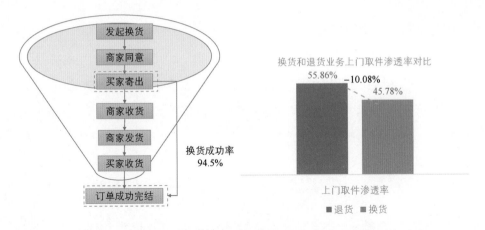

图 11-7　上门取件换货业务存在的两个核心问题

问题 1：换货成功率虽然高达 94.5%，但仍有提升的空间。

换货业务的成功率高达 94.5%，但是在整个转化路径中还是有 5.5% 的用户漏掉，这部分用户或许经过流程优化、产品调整等可以挽回。

问题 2：上门取件换货渗透率与同类业务相比仍有一定差距。

同类业务上门取件退货业务的渗透率高达 55.86%，而上门取件换货业务的渗透率仅有 45.78%，两者差距高达 10.08%。

4．漏斗分析定位上门取件换货业务问题

面对现有的两个业务问题，数据分析师需要通过漏斗分析确定影响换货成功率及换货上门取件渗透率的关键环节和因素，以采取相应改进措施，提高换货成功率和换货上门取件渗透率。

首先，笔者以订单维度进行分析，绘制了用户换货路径全漏斗，如图 11-8 所示。这个漏斗既包括换货路径的主线流程，又包括了商家和买家在换货路径上的支线流程。漏斗的主线流程和支线流程环环相扣，前面的步骤会影响后续的步骤，上一个步骤的结果会影响下一个步骤的表现。通过这个用户换货路径漏斗，我们清晰地看到各个重要节点之间的关系，更容易理清影响换货成功率和上门取件换货渗透率的因素。

其次，笔者将换货成功率和换货上门取件渗透率这两个关键指标拆解到用户路径漏斗中。根据换货成功率的定义，如果"商家拒绝收货"以及"买家拒绝收货"的订单量能转化为"成功完结的订单量"，就能提升换货成功率；而根据上门取件换货渗透率的定义，如果"买家取消"以及"超时未寄出"的订单量能够使用上门取件的方式寄出，那么上门

取件换货渗透率就能得到提升。

到此为止，笔者确定了影响两个关键指标的因素。因此，后续分析笔者将着手研究"商家拒绝收货"和"买家拒绝收货"的原因以及"买家取消"和"超时未寄出"的原因，以此来找到提升换货成功率和上门取件换货渗透率的切入点。

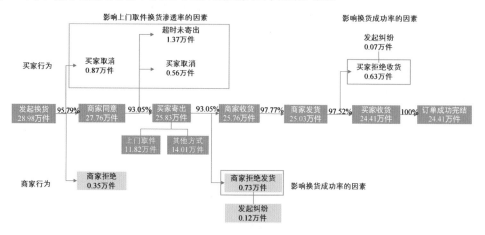

图 11-8　用户换货全路径漏斗

5. 基于经验和假设，验证影响两个关键指标的因素

1）探究影响换货成功率的因素

商家拒绝收货的订单量是换货成功率的影响因素，找出商家拒绝收货的具体原因并采取对应的措施可以提升换货成功率。如图 11-9 所示，商家拒绝收货的主要原因是货物破损、商标不全、换货物品非全新品，也有部分原因是快递单号错误。对于货品原因，我们建议推出验货服务；对于快递单号错误问题，我们建议推出单号校验服务。

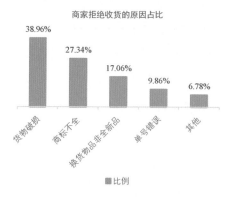

图 11-9　商家拒绝收货的原因分析

买家拒绝收货也是影响换货成功率的因素之一，于是笔者分析了拒绝收货的买家复购的比率。如图 11-10（a）所示，其复购率高达 54.31%，由此笔者推测买家相比于换货更喜欢退货重买。

2）影响上门取件换货渗透率的因素

取消换货和超时未寄出是影响上门取件换货渗透率的主要因素。于是，笔者对买家取消换货的原因进行深入探讨，发现取消换货的用户复购的比率依然高达 68.92%。该数据说明买家相比于换货，更喜欢退货重买。此外，如图 11-10（b）所示，笔者发现取消换货的订单运费险覆盖率只有 26.79%，由此推测运费险覆盖不足也是买家取消换货的原因之一。

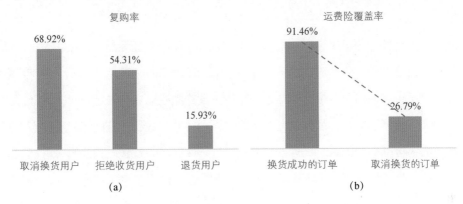

图 11-10　不同用户群体的复购率及运费险覆盖率

6．根据数据分析结果反馈意见及建议

为了提升换货成功率和上门取件换货渗透率，笔者通过漏斗分析确定了影响这两个关键指标的因素并且分析了具体原因，最终根据具体原因提出改进的意见和建议，如图 11-11 所示。

商品损坏、商标不全、非新品等商品问题以及物流单号错误造成商家拒绝收货，影响了换货成功率。对此笔者建议推出末端快递员验货服务以及物流平台提供单号校验服务以减少商家拒绝收货的订单量，进而提升换货成功率。

买家相比于换货更喜欢退货重买，具体表现是买家取消换货、拒绝收货后选择复购，对此笔者建议推出一款类似于退货重买的换货服务，即双向物流极速换货服务，买家申请换货的同时商家即刻发货。

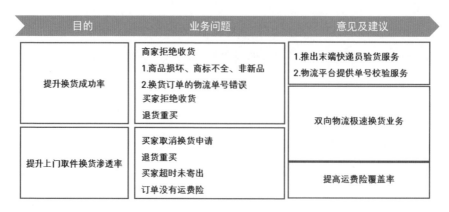

图 11-11　改进意见和建议

买家超时未寄出的主要原因是运费险覆盖率低，对此笔者建议提高运费险覆盖率，同时发放上门取件优惠券给换货用户并通过短信提醒用户及时寄件。

漏斗分析是数据分析中常用的方法。漏斗分析不仅需要理清漏斗的主线流程，而且需要将主线流程涉及的分支流程也一并梳理，因为每一个时间节点、每一个分支步骤都可能影响到下一步的结果。根据漏斗路径制定关键的监控指标并确定影响关键指标的具体因素是漏斗分析的核心，因为只有找出这些原因，才能找到业务优化的落脚点。在寻找影响核心监控指标的因素时，大部分情况是基于业务经验及假设验证的，这就很难避免得到的结论与假设不符，需要从多个角度、不同维度验证才能找到落脚点。

11.4　用营销增益模型实现用户分群，辅助运营人员识别营销敏感人群

用户分群是数据分析中较为常用的手段，通过对不同特征的用户群体采用不同的运营方式可以为企业带来最大的投入产出比。营销增益模型是使用用户分群的方法识别营销敏感人群，辅助运营人员实现用户精细化运营的一种手段，这一节会介绍营销增益模型相关的理论知识。

11.4.1　什么是营销增益模型

随着移动互联网的发展，越来越多的互联网产品丰富了消费者的生活。而对于企业来说，其意味着获客成本越来越高，想要获得精准的客户并让其留存下来变得越来越难。因此企业会通过各种营销手段触达消费者，如短信推送、电话营销、红包优惠、促销推广

等，然而这些营销手段都是有成本的。精准地找出能被营销活动打动并发生付费转化的人群，即营销敏感人群，实现在有限预算的情况下用户付费转化率最高、营收最大化是数据分析师的重要工作内容之一。

营销增益模型（Uplift Model）正是精准识别营销敏感人群的模型，该模型体现了用户分群思想。如图 11-12 所示，营销增益模型根据干预手段是否能够触及用户群体，将用户群体分为四个类别：

（1）营销敏感人群（Persuadables）：在干预的情况下，会发生付费转化的用户群体。

（2）自然转化（Sure Things）：无论是否干预，都会发生付费转化的群体。

（3）无动于衷（Lost Causes）：无论是否干预，都不会购买的群体。

（4）反作用（Sleeping Dogs）：本来会发生付费转化，但干预之后就不付费转化的用户群体。

图 11-12　营销增益模型的用户分群

营销敏感人群是各种干预手段真正想要触达的用户群体；对于自然转化的群体，不管是否有营销手段，他们都会发生转化；无动于衷的用户群体，无论是否干预，他们都不会发生转化，所以对其花费预算是浪费的；对于反作用人群，他们对于营销是反感的，应避免对该类用户群进行营销推广，否则该用户群体可能流失。

11.4.2　为什么需要营销增益模型

一般的营销活动会用响应模型（Response Model）进行分析，但是响应模型只能预测用户在营销活动中发生付费转化的概率。营销活动和用户付费转化之间有相关性关系，这个相关性关系会导致数据分析师无法区分哪些人是自然转化的，哪些人是因为营销活动而发生付费转化的。

营销增益模型用来估计用户因为营销活动而发生付费转化的概率，这是一个因果推断的问题。营销增益模型通过预测每一个用户对于营销推广活动的敏感程度，制定驱动营销的策略，以达到最大的投入产出比。

举个例子来说，如表 11-2 所示，对于用户 A 和 B，在有营销活动的情况下，用户 A 的付费转化率为 1.6%，用户 B 的付费转化率为 2.8%。一般情况下，响应模型给出的结果就是这样的，看到这样的数据，你可能会觉得用户 B 是营销敏感群体。但是对比自然状态的转化率，你会发现用户 A 的增益值为 0.5%，用户 B 的增益值为 0.2%。因此，真正归因到营销活动上，用户 A 才是真正的营销敏感用户。

表 11-2　某营销活动用户转化率

	营 销 活 动	自 然 状 态	增 益 值
A	1.6%	1.1%	0.5%
B	2.8%	2.6%	0.2%

正如上例所示，营销增益模型是一个增量模型，其目标是预测干预对于个体状态或行为的影响，该模型可以归纳为式（11.13）：

$$P\left(Y_i \mid X_i, T_i = 1\right) - P\left(Y_i \mid Y_i, T_i = 0\right) \tag{11.13}$$

表达式（11.13）表示用户在有干预和没干预情况下结果的差值，其中 Y 表示用户转化结果，X 表示用户特征，T 表示营销变量。营销增益模型对样本的要求较高，X 与 T 必须相互独立。最简单的方式就是随机试验——A/B 试验，因为通过 A/B 试验拆分流量得到的两组样本在特征的分布上是一致的，即 X 和 T 是相互独立的。因此随机试验是营销增益模型建模过程中非常重要的基础，可以为营销增益模型提供无偏的样本。

11.4.3　营销增益模型的建模方法

营销增益模型目前有三种不同的建模方法，分别是差分响应模型（Two-Model）、升级后的差分响应模型（One-Model）、基于树模型的提升模型（Modeling Uplift Directly），较常用的是升级后的差分响应模型[23]。

差分响应模型顾名思义就是训练两个模型，如图 11-13（a）所示，圈定同质人群并将其随机分为两组，一组实施营销活动，一组不进行营销干预，分别对两组人群建立模型，两组人群的转化率的差值即营销活动带来的转化提升值，差分响应模型训练数据和模型过程都是独立的。如图 11-13（b）所示，升级后的差分响应模型与差分响应模型相比，打通了对照组和干预组数据，只训练一个模型；对于基于树模型的提升模型来说，目前用得较多的是基于树模型寻找分类特征，进而刻画对照组和干预组之间的差异，即提升效益。这种方法成本最大，需要进行大量的优化和改造。

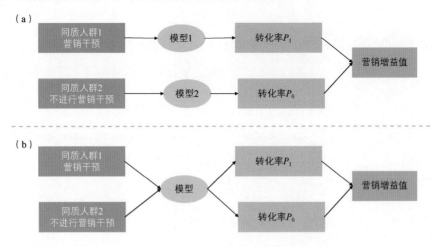

图 11-13 营销增益模型的两种形式[24]

11.4.4 营销增益模型的评价指标

对于营销增益模型来说，主要的评价指标有三个，分别是增益值柱状图、Qini 曲线及累积增益曲线[24]。

1. 增益值柱状图

在测试数据集上，干预组和对照组的用户分别按照增益值由高到低排序，划分为十等份，分别对干预组和对照组中每等份内的用户的预测概率求平均值，然后将对应等份相减，得到每等份的增益值。

2. Qini 曲线

Qini 曲线又称为 AUUC（Area Under Uplift Curve）曲线，它将对照组和干预组用户分别分成十等份，分别计算对应等份的 Qini 值。计算公式如式（11.14）所示，即将对照组和干预组中最终预测为 1 的用户数量分别除以总用户数量，然后相减得到该等份的

Qini 值。

$$Q(k) = \frac{n_{t,k}}{N_t} - \frac{n_{c,k}}{N_c} \qquad (11.14)$$

式中，$n_{t,k}$，$n_{c,k}$ 分别表示干预组和对照组中第 k 等份输出为 1 的用户（发生付费转化的用户）；N_t，N_c 分别表示干预组和对照组的总人数。依次计算每一等份的 Qini 值，最后连接 10 个点绘制折线图。

3. 累积增益曲线

累积增益曲线是 Qini 曲线的补充和改进，具体公式如式（11.15）所示：

$$Q(k) = \left(\frac{n_{t,k}}{n_{tk}} - \frac{n_{c,k}}{n_{ck}} \right) (n_{tk} + n_{ck}) \qquad (11.15)$$

式中，$n_{t,k}$ 和 $n_{c,k}$ 分别表示干预组和对照组中第 k 等份的总流量，累积增益的分母是该 k 等份干预组或对照组人数。最后乘以 n_{tk} 和 n_{ck} 作为全局系数，避免对照组和干预组数据不均匀带来的指标评估失效。

11.5 Python 实战：利用营销增益模型识别营销敏感人群

11.4 节介绍了营销增益模型的理论知识，但营销增益模型到底如何运用呢？本节基于营销数据利用 Python 进行实战，识别营销敏感人群，以在实际营销活动中降低企业成本。

11.5.1 数据初步探索

营销数据集来源于 Kaggle，该数据集包括 64000 名用户在不同营销推广活动中的数据[①]。营销活动包括两大类，分别是打折活动和"买一送一"活动，在数据集中对应的字段分别是 used_discount 和 used_bogo，数据集记录了两类活动是否触达用户（offer 字段）以及用户是否转化（conversion）字段等信息。

首先，通过如下代码，导入分析所需的包，读入相关数据并且查看数据集前五行数据。

```
import pandas as pd
```

---

① Wijaya D. Marketing Promotion Campaign Uplift Modelling--Customer Retention data for Churn Prediction or Uplift Modelling[EB/OL].

```
import numpy as np
import matplotlib.pyplot as plt
import seaborn as sns
data= pd.read_csv('data.csv')
data.head()
```

recency	history	used_discount	used_bogo	zip_code	is_referral	channel	offer	conversion
10	142.44	1	0	Surburban	0	Phone	Buy One Get One	0
6	329.08	1	1	Rural	1	Web	No Offer	0
7	180.65	0	1	Surburban	1	Web	Buy One Get One	0
9	675.83	1	0	Rural	1	Web	Discount	0

　　在正式建立模型之前，对于数据基本情况的探索是必不可少的。可通过如下代码查看各个字段是否存在空值及其字段类型。

```
data.info()
<class 'pandas.core.frame.DataFrame'>
RangeIndex: 64000 entries, 0 to 63999
Data columns (total 9 columns):
 #   Column         Non-Null Count   Dtype
---  ------         --------------   -----
 0   recency        64000 non-null   int64
 1   history        64000 non-null   float64
 2   used_discount  64000 non-null   int64
 3   used_bogo      64000 non-null   int64
 4   zip_code       64000 non-null   object
 5   is_referral    64000 non-null   int64
 6   channel        64000 non-null   object
 7   offer          64000 non-null   object
 8   conversion     64000 non-null   int64
dtypes: float64(1), int64(5), object(3)
memory usage: 4.4+ MB
```

　　对于分类型变量，数据分析师需要通过如下代码查看有多少种类型及各类型所代表的意义。结果显示，用户购买渠道包括手机、网页及其他渠道，营销方式包括打折、"买一送一"及无营销活动。

```
data.describe(include='object').T
```

	count	unique	top	freq
zip_code	64000	3	Surburban	28776
channel	64000	3	Web	28217
offer	64000	3	Buy One Get One	21387

```
for column in data.drop(['recency','history'], axis=1).columns:
print(column,'-',data[column].unique())
```

```
used_discount - [1 0]
used_bogo - [0 1]
zip_code - ['Surburban' 'Rural' 'Urban']
is_referral - [0 1]
channel - ['Phone' 'Web' 'Multichannel']
offer - ['Buy One Get One' 'No Offer' 'Discount']
conversion - [0 1]
```

11.5.2 数据预处理及数据可视化

通过 11.5.1 节的内容，我们知道数据质量良好，不存在缺失数据。为了使数据符合营销增益模型的输入形式，此处需要对数据进行适当的预处理。

数据集中营销方式有三类，但其都是文本格式，不利于模型的分类，所以此处需要转换分类标识，以方便输入模型，实现代码如下。

```
df_model = data.rename(columns={'conversion': 'target'})
df_model = df_model.rename(columns={'offer': 'treatment'})
df_model.treatment = df_model.treatment.map({'No Offer': 0, 'Buy One Get One': -1, 'Discount': 1})
```

完成分类标识转换之后，我们要对数据相关性进行探索，初步了解影响用户转化的因素，实现代码如下。

```
df_model = pd.get_dummies(df_model)
fig = plt.figure(figsize=(15,12),dpi=300)
ax = sns.heatmap(df_model.corr(), cmap="YlGnBu",
        linecolor='black', lw=.65,annot=True, alpha=.95)
ax.set_xticklabels([x for x in df_model.columns])
ax.set_yticklabels([y for y in df_model.columns])
plt.show()
```

数据相关性结果如图 11-14 所示，无论是"买一送一"还是"打折促销"营销方式，都与用户转化相关性较弱。

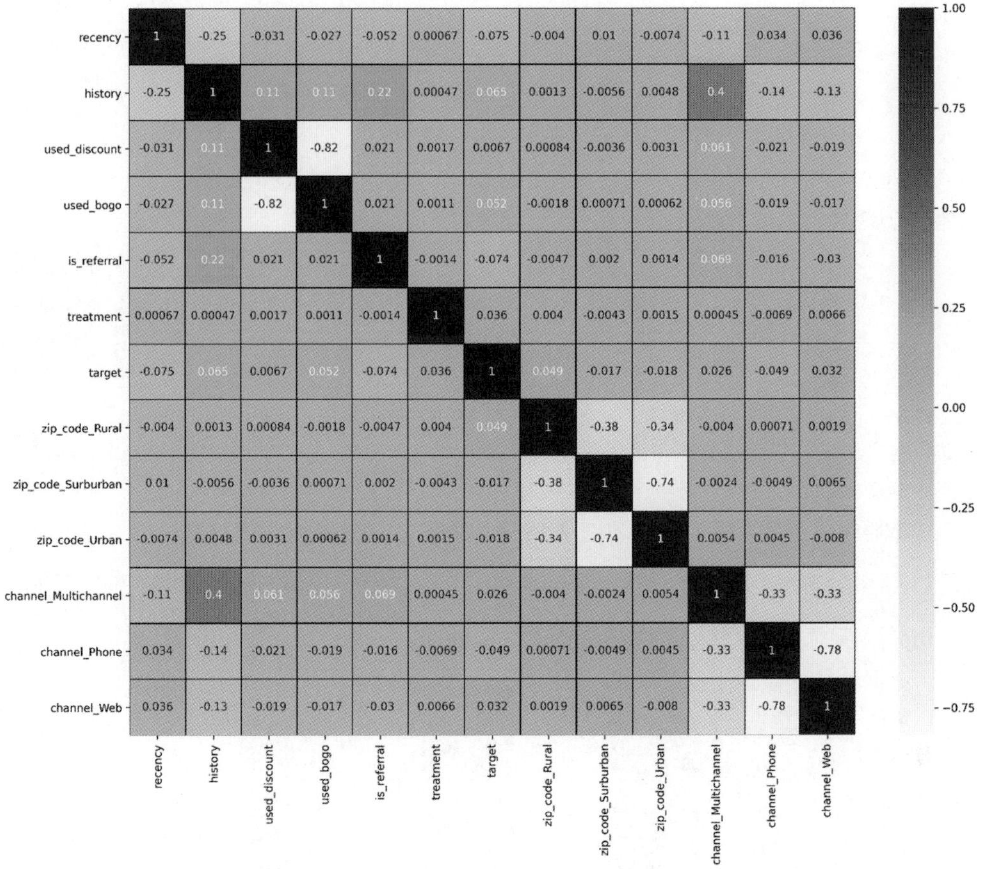

图 11-14　数据相关性结果

下面，笔者对数据继续进行处理以满足营销增益模型的输入要求。因为数据集涉及"买一送一"和"打折促销"两种营销方式，此处需要对两种营销方式分别计算其营销增益值，所以通过如下代码按营销方式将数据集拆分为两类。

```
#将数据进行分类处理，分别是"买一送一""打折促销"
bogo = df_model.copy().loc[df_model.treatment <=0].reset_index(drop=True)
discount = df_model.copy().loc[df_model.treatment >=0].reset_index(drop=True)
```

营销增益模型是以各个处理间样本平衡为前提的，所以在使用营销增益模型时需要先检查样本平衡性，实现代码如下。

```
plt.figure(figsize = (10,6))
target_count = df_model['treatment'].value_counts()
print('Class 0:', target_count[0])
print('Class 1:', target_count[1])
print('Class -1:', target_count[-1])


Class 0: 21306
Class 1: 21307
Class -1: 21387



target_count.plot(kind='bar', title='Treatment Distribution', color=['#2077B4', '#FF7F0E','#2ca02c'],
fontsize = 15)
plt.xticks(rotation=0)
plt.show()
```

样本平衡性结果（正、负样本分布情况）如图 11-15 所示，"买一送一""打折促销"以及对照组的样本数分别为 21387、21307、21306。由此可见，在数据集中三种处理的样本分布是平衡的，所以此处不需要进行重采样处理。

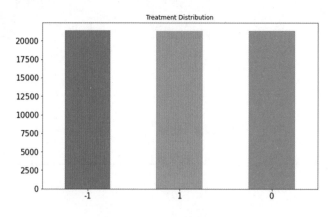

图 11-15　正、负样本分布情况

11.5.3　构建营销增益模型

本数据集涉及两种不同的促销策略，构建营销增益模型时，笔者仅以"打折促销"策略为例进行说明。

pylift 是营销增益模型的封装包，此处运用 pylift 实现营销增益模型的构建。实现代

码如下，首先通过 TransformedOutcome 函数将数据输入模型，并且可视化每一个特征的
权重。

```
from pylift import TransformedOutcome
discount_up = TransformedOutcome(discount, col_treatment='treatment', col_outcome='target', stratify=
discount['treatment'], scoring_method='aqini', scoring_cutoff=0.4)
discount_up.NIV()
```

特征权重可视化结果如图 11-16 所示，由图可知，is_referral（是否有人推荐）是影响
用户是否购买的重要特征之一。

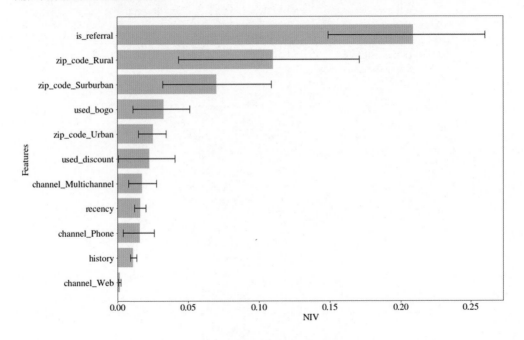

图 11-16　特征权重可视化结果

pylift 提供了多种识别营销敏感人群的方法，此处选择 xgboost 方法。实现代码如下，
首先定义目标函数，其次对模型进行拟合，最后展示模型效果。

```
#自定义目标函数
def log_cosh_obj(dtrain, preds):
    x = preds - dtrain
    grad = np.tanh(x)
    hess = 1 / np.cosh(x)**2
    return grad, hess
```

```
from xgboost import XGBRegressor
discount_up.randomized_search_params['estimator'] = XGBRegressor(objective=log_cosh_obj, nthread=1)
discount_up.randomized_search(n_iter=10, verbose=3, n_jobs=1)
discount_up.fit(nthread=50, **discount_up.rand_search_.best_params_, objective=log_cosh_obj)

discount_up.plot(label='Discount Strategy', n_bins=30)
```

营销增益模型的累积增益曲线如图 11-17 所示，由图可知，"打折促销"策略在一定程度上促进了用户转化，但整体上看，提升效果不是很明显。

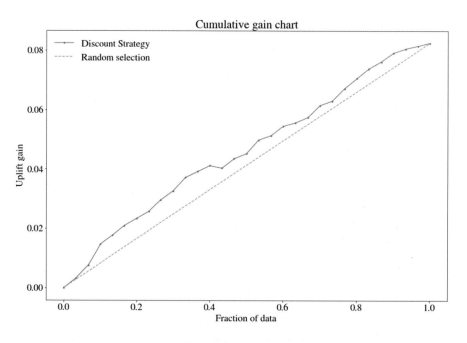

图 11-17 营销增益模型的累积增益曲线

附录 A　缩略词及中英文对照

英文缩略词	全　　称	中 文 对 照
ETL	Extract-Transform-Load	数据仓库技术
SDK	Software Development Kit	软件开发工具包
API	Application Programming Interface	应用程序接口
HTTP	Hypertext Transfer Protocol	超文本传输协议
DAU	the number of Daily Active User	日活跃用户数量
UJM	User Journey Map	用户路径地图模型
MECE	Mutually Exclusive Collectively Exhaustive	相互独立，完全穷尽
OSM	Object, Strategy, Measure	目标策略方法
AARRR	Acquisition, Activation, Retention, Revenue, Referral	海盗模型
GMV	Gross Merchandise Volume	商品交易总额
ROI	Return on Investment	投入产出比
	Hypothesis Testing	假设检验
	Marginal of Error	边际误差
	Interval Estimate	区间估计
	Significance Level	显著性水平
	Effect Size	效应量
	Difference Type	差异类
	Correlation Type	相关类
	Group Overlap	组重叠
	Cohort Analysis	同期群分析
	Calinski-Harabaz Index	卡琳斯基-哈拉巴斯指数
	Silhouette Coefficient	轮廓系数
	Total Inertia	簇内平方和
	Total Cluster Sum of Square	簇内平方和
	Causal Discovery	因果发现
	Causal Effect	因果效应
CUPED	Controlled-Experiment Using Pre-Experiment Data	试验前的无偏数据对试验核心指标进行修正
	Difference-in-Differences	双重差分法
PSM	Propensity Score Matching	倾向性得分匹配
IPE	Inverse Probability Weighting	逆概率加权
CACE	Complier Average Causal Effect	依从者的平均因果效应
	Instrumental Variable	工具变量
HTE	Heterogeneous Treatment Estimation	异质性处理估计
	Quantile Regression	分位数回归
	Mediation Modeling	中介模型

续表

英文缩略词	全　　称	中 文 对 照
SCM	Synthetic Control Method	合成控制法
TF-IDF	Term frequency-inverse document frequency	词频及逆文档频率
	Likert scale	李克特量表
NPS	Net Promoter Score	净值推荐
	Survival Analysis	生存分析
KM	Kaplan-Meier	
	Hazard Probability	风险概率
	Survival Probability	生存概率
	Cox Proportional Hazards Regression Model	Cox 风险比例回归模型
	Uplift Model	营销增益模型
	Persuadables	营销敏感人群
	Sure things	自然转化
	Lost causes	无动于衷
	Sleeping dogs	反作用
	Response Model	响应模型
	Cumulative Gain Curve	累积增益曲线
AUUC	Area Under Uplift Curve	增益曲线下的面积

参考文献

[1] 赵宏田. 用户画像：方法论与工程化解决方案[M]. 北京：机械工业出版社, 2020.

[2] 戴维·R.安德森. 商务与经济统计（第 13 版）[M]. 北京：机械工业出版社, 2017.

[3] H C S S J. Sample Size Calculations in Clinical Research[M]. 2nd Ed. 2008.

[4] LUDBROOK J. Multiple Comparison Procedures Updated[J]. Clinical and Experimental Pharmacology and Physiology, 1998,12(25):1032-1037.

[5] LUDBROOK J. Multiple Inferences Using Confidence Intervals[J]. Clinical and Experimental Pharmacology and Physiology, 2000,3(27):212-215.

[6] 周志华. 机器学习[M]. 北京：清华大学出版社, 2016.

[7] 吴喜之. 统计学：从数据到结论（第 4 版）[M]. 北京：中国统计出版社, 2013.

[8] YAO L, CHU Z, LI S, et al. A Survey on Causal Inference[J]. arXiv, 2020.

[9] 朱迪亚·珀尔, 达纳·麦肯齐. 为什么：关于因果关系的新科学[M]. 北京：中信出版集团, 2019.

[10] DENG A, XU Y, KOHAVI R, et al. Improving the Sensitivity of Online Controlled Experiments by Utilizing Pre-experiment Data[J]. Proceedings of the Sixth ACM International Conference on Web Search and Data Mining, 2013:123-132.

[11] JOSHUA D. Identification of Causal Effects Using Instrumental Variables[J]. Journal of the American Statistical Association, 1996,91(434):444-455.

[12] IMBENS G. Methods for Estimating Treatment Effects IV: Instrumental Variables and Local Average Treatment Effects[J]. Technical report, Lecture Notes 2, Local Average Treatment Effects, Impact Evaluation Network, Miami, 2010.

[13] JOANN P, CHILDERS T L. Individual Differences in Haptic Information Processing: The "Need for Touch" Scale[J]. Journal of Consumer Research, 2003,30(3):430-442.

[14] GRIMMER J, MESSING S, WESTWOOD S J. Estimating Heterogeneous Treatment Effects and the Effects of Heterogeneous Treatments with Ensemble Methods[J]. Political

Analysis, 2017,25(4):413-434.

[15] WAGER S, ATHEY S. Estimation and Inference of Heterogeneous Treatment Effects using Random Forests[J]. Journal of the American Statistical Association, 2018,113(523):1228-1242.

[16] STUART E A. Matching methods for causal inference: A review and a look forward[J]. Stat Sci, 2010,25(1):1-21.

[17] LEE D S, LEMIEUX T. Regression Discontinuity Designs in Economics[J]. Journal of Economic Literature, 2010,48(2):281-355.

[18] ALBERTO A, DIAMOND A, JENS H. Comparative Politics and the Synthetic Control Method[J]. American Journal of Political Science, 2014,59(2):495-510.

[19] SHARMA A, KICIMAN E. DoWhy | An end-to-end library for causal inference[EB/OL]. https://microsoft.github.io/DoWhy/index.html#id4.

[20] Microsoft, Amit-sharma, Sid-darthvader. DoWhy-The Causal Story Behind Hotel Booking Cancellations.ipynb[EB/OL].

[21] 黎湘艳. 游戏数据分析实战[M]. 北京: 电子工业出版社, 2018.

[22] KLEIN J P. Survival Analysis Techniques for Censored and Truncated Data[M]. Second Edition. Springer-Verlag New York Berlin Heidelberg, 2003.

[23] 齐云涧. 广告数据定量分析[M]. 北京: 机械工业出版社, 2021.

[24] GUTIERREZ P, ERARDY J G. Causal Inference and Uplift Modeling A review of the literature[J]. Workshop and Conference Proceedings, 2016,67:1-13.

反侵权盗版声明

　　电子工业出版社依法对本作品享有专有出版权。任何未经权利人书面许可，复制、销售或通过信息网络传播本作品的行为；歪曲、篡改、剽窃本作品的行为，均违反《中华人民共和国著作权法》，其行为人应承担相应的民事责任和行政责任，构成犯罪的，将被依法追究刑事责任。

　　为了维护市场秩序，保护权利人的合法权益，我社将依法查处和打击侵权盗版的单位和个人。欢迎社会各界人士积极举报侵权盗版行为，本社将奖励举报有功人员，并保证举报人的信息不被泄露。

举报电话：（010）88254396；（010）88258888
传　　真：（010）88254397
E-mail：dbqq@phei.com.cn
通信地址：北京市万寿路 173 信箱
　　　　　电子工业出版社总编办公室
邮　　编：100036